厨房女人的拼布创意天地

NO.48 CONTENTS

Hand Made 巧手易

2012年3月

台湾第一本专业拼布书系 www.handmade-tw.com

封面作品作者／黄秋英老师
摄影／萧维刚
计／陈启予
文字／璟安

玩美手工网址：www.wanmei shougong.com
河南科学技术出版社网址：www.hnstp.cn
联系邮箱：hnstpdwhz@163.com

董事长暨发行人 吕世文
财务总监
执行副总／财务经理 Anita Yang
社务顾问
吕永元・林浩正・余万停
编辑部
编辑长 徐舒柔
编辑 黄璟安・简子杰
特约编辑 詹宏人

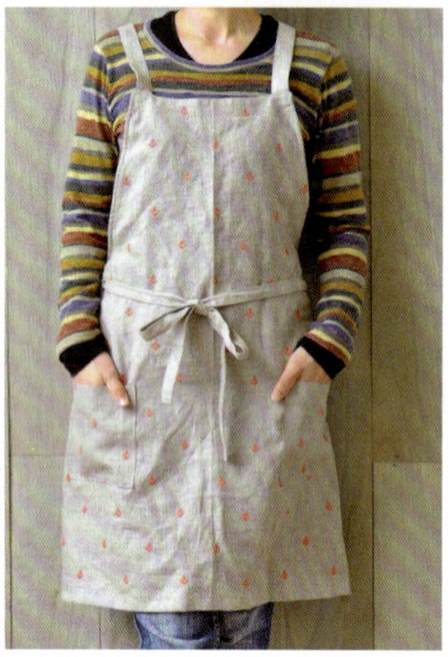

原尺寸图

《巧手易》精选系列 H—0012

超可爱贴布缝的童话王国

24 个经典童话故事

15 个袋形详细步骤教学

现正热卖中！

拼布游戏家 Pany 老师 最新力作

超可爱的拼布游戏家 Pany 老师，用最容易上手的贴布缝方式，创造出 24 个童话故事的主题拼布作品，每一件作品都是大家共同的儿时记忆，每一个童话人物都能唤醒那些童稚的单纯时光，翻开书页，跟着 Pany 老师形象鲜明的创作，仿佛历经一场缤纷的童话冒险，那样的刺激却也温暖人心。

除了贴布缝的教学之外，另外还收录了 15 款不同的袋形，详细清楚的步骤教学，让人急不可待地要跟着 Pany 老师的脚步，创造属于自己的童话世界。实用的袋物结合主题性的贴布缝，让拼布作品不再只是束之高阁的艺术，而是能够与生活结合的日常美学。

把拼布当成游戏的 Pany 的老师，希望借着本书中的作品让大家了解制作拼布是一件发自内心的非常快乐的事情。

徐韡祯（Pany）著 定价 320 元（新台币）

新书抢先看

就让拼布带我们回到小时候……

博客来网络书店、诚品书店、纪伊国屋、金石堂书店、何嘉仁书店、隆德总经销、《巧手易》杂志、各大书局

首翊●手艺 超可爱出版

Hand Made NO.48 Quilter List

特别感谢本期协助制作

布里红共学社 ✐P.8
林诗龄老师、王美芳老师、傅珊珊老师
http://artalk.pixnet.net.blog

2012龙年吉祥物单元作者群。尝试简化的设计，在制图时力求最简单的线条，只有龙的造型采用龙呆的概念，设计成比较可爱的样子，希望大家喜欢。

Yubisui Yasuko ✐P.10
指吸快子老师
http://yubiquilt.exblog.jp/

出生于日本神奈川县川崎市，杉野短大被服科毕。在Hearts & Hands拼布学校学习拼布，现在师事拼布作家小关铃子。作品发表于日本手艺杂志、活跃于拼布活动。国际横滨拼布嘉年华展及东京巨蛋展受赏无数。第一本个人拼布创作书《指吸快子の拼布甜蜜世界》2月中旬上市，敬请支持。更多资讯请至博客搜寻。

郭桄甄老师 ✐P.10、11
桄・吸引你的目光
http://www.wretch.cc/blog/kky021

将生活当成灵感的发电机，随时随地都可以发挥创意，制造意想不到的超迷你惊喜。现为贝采薪生活艺术馆负责人。与日本指吸快子老师共同打造“甜点系拼布小物”单元。第一本个人袖珍创作书《手心里的袖珍甜点》话题上市热卖中。

布之道 ✐P.14
胡金治老师
TEL:04-8326690
http://www.bgd.com.tw

日本手艺普及协会拼布讲师、第一届拼布指导员。自始相信每个人心中都存有一种美，而我以线为音符，以布创造空间，一切都在生活的色彩中找到悠闲，这是我的艺术。

红绫艺手工作室 ✐P.18
王琼玲老师
TEL:02-28755953

拼布资历20年，日本手艺普及协会第一届拼布讲师暨指导员、日本通信社第一届讲师。在快速的生活节奏里，通过针线的悠游穿梭，体会片刻的宁静与安详，享受满溢的幸福。

七彩鸟拼布学园 ✐P.22
石碧霞老师
TEL:0935-872578
http://www.wretch.cc/blog/peggyph

喜欢拼布的布玩家，用一颗温柔的心，享受拼布所带来的宁静感。

黄秋英个人工作室 ✐P.26
黄秋英老师
TEL: 0929-804800
◆本期封面作品作者◆

日本手艺普及协会指导员、英国刺绣讲师、缎带刺绣指导员。生活美学运动中，通过指尖，让手工的质感在快速的生活节奏里，创造出时尚、慢与细致的美感。

小布点拼布艺术 ✐P.30
郭铃音老师
TEL:02-23648719
http://tw.myblog.yahoo.com/petite-bonbon

为实现拼布梦，从日本文部省通信讲师班毕业后，成立工作室，希望借拼布教学认识更多同好。第一次在《巧手易》杂志发表个人喜爱的羊毛毡技巧搭配拼布作品，希望读者会喜欢。

小野布房 ✐P.32
魏廷伃老师&简雪丽老师
TEL: 02- 27722007
http://tw.myblog.yahoo.com/onoya_3514/

有个像家一样的工作室，通过创作分享对生活的真实感受，对幸福和美好的追求。这里有音乐、咖啡等招待我们的朋友。亲手种植的花草是蓬勃旺盛的生命力。用心，用创作，用双手记录着真实生活中的点点滴滴。

木棉花拼布艺术 ✐P.34
李琼惠老师
TEL: 03-5342097

1996年成立木棉花拼布艺术工作室，日本通信社第三届讲师，从事拼布、儿童美术教育16年。

一布一脚印的拼拼凑凑 ✐P.36
黛西老师
http://tw.myblog.yahoo.com/quilter-daisy/

自2007年接触手作布偶后，完全爱上布艺，也让自己成为动不停的拼布人，不断尝试与学习，从中获得精神上的满足与踏实，愿用一布一脚印的拼凑努力完成梦想！

Su玲满手创 ✐P.38
苏玲满老师
http://tw.myblog.yahoo.com/nienandsu-beartwo/

人气图案厨娃和阿粘熊原创设计者。手作，让人有颗暖暖的心，幸福的拼图一针一线慢慢缝制，就是爱手作！著有畅销书《好可爱拼布——厨娃、阿粘熊、粘粘兔》，现正好评热卖中。

Kat's quilt garden
阿 Kat 老师
P.40
TEL:03-4923937
http://www.wretch.cc/blog/quilterkat

喜欢玩布块拼接与配色游戏，特别钟爱 30 年代复刻版布与小关铃子风格，深信拼布会带来令人愉悦的心情，让生活更温暖美好，让自己永远年轻喔！

布伊坊
谢映伊老师
P. 42& P. 60
TEL:0988-630256
http://tw.myblog.yahoo.com/sewinghouse-youi

日本文化女子大学服装社会学研究所毕业，研究拼布与社会关系，日本手艺普及协会指导员资格，现在师事拼布作家小关铃子。用拼布也可以拼出自己的人生色彩。

八色屋拼布彩绘
陈慧如老师
P.44
TEL:02-22916767
http://www.e-colors.idv.tw

1997 年成立八色屋拼布木器彩绘教室，将喜爱手作及 DIY 的兴趣化为梦想。喜爱拼布手作，为了圆爱涂鸦的梦，1998 年又一头栽进了彩绘世界，《巧手易》全新单元“彩绘的美，布知道”专栏作者。

二街花园
刘明珠老师
P.48
TEL:0930-097099

日本手艺普及协会讲师，经营二街花园工作室，从事拼布创作十余年。拼布是我的最爱，享受每一次完成作品的快乐。

日本户塚刺绣协会台北支部
P.66
http://totsuka1.blogspot.com/
福本晓代老师 fukumeto@gmail.com

虽然看起来很难，其实都是简单的针法。利用图案做成装饰物点缀墙壁，尝试一下吧，通过一针一线，描绘美丽雅致的生活！

Ann
P.70
patchworkerann@gmail.com

自由作家。
《巧手易》杂志内专栏作家，喜欢制作、设计专给幼儿使用的可爱拼布小物，连载持续中。

陈莉雯老师
P.72
gretachern@gmail.com

自由作家。
“I love HOBBYRA HOBBYRE”连载作家，喜欢布的舒服质感，创作出自己最爱的手作风布作。

幸运草机缝拼布
陈玉金老师
P.74
TEL:0937-811690

幸运草机缝拼布教室负责人，擅长使用各种素材、工具搭配拼布作品，于《巧手易》杂志内配合人气专栏好评连载中。

快乐屋拼布教室
张碧恩老师
P.84
TEL:02-22343025
http://www.joy-house.com.tw/

BERNINA 第一届国际师资。用花布当彩笔作画，把每件作品都当成独一无二的艺术品创作，每个人皆可创作出属于自己的画。壁饰作品《庆典练习曲》荣获 2010 年日本横滨拼布展现代拼布通信赏。壁饰作品《镜》荣获 2011 年横滨国际拼布展现代拼布部门通信社赏。

Sakurai Noriko
樱井纪子老师
P.86
http://rug.moo.jp/

拼布资历 25 年。hooking club 负责人，日本手艺普及协会会员、日本 Hobby 协会会员。著作《**リサイクル**感觉で乐し**む**简单手芸**フックドラグ**》、《余り布を编むリサイクル裂き布で作るスラッシュラグキルト》。

熊手作
陈节老师
P.88
amy195251620@yahoo.com.tw

1990 年成立熊手作拼布教室。日本 Patchwork 通信社第一届毕业生，1993 年曾获日本清里拼布周 93’拼布部门赏、1994 年作品《兔子的梦》于第二回日本 Patchwork 交流获第一名赏、1998 年作品《青春舞曲》于台湾省工研究所第六届征件入选、2000 年获邀于诚品书店成立“私房拼缀”师生创作联展、2010 年至今为隆德贸易有限公司美术顾问。

指吸快子 著　定价 **400**元（新台币）

首度台日合作

指吸快子の拼布
甜蜜世界

一想到可爱的粉红色拼布，你一定会不假思索地说：这就是指吸快子的拼布啊！

这是新生代的超人气日本拼布作家指吸快子的个人第一本全创作拼布书。指吸老师在日本师事于以时尚风格著称的名师小关铃子，以鲜明的亮丽粉红色彩，打造出属于自己独特的女孩系风格，在日本著名的拼布杂志里也经常见到她的拼布作品，超级甜美的明亮色彩、无敌可爱的配件利用，指吸快子的拼布总是带来出乎意料的惊叹！让人不禁直呼“太可爱了！”

全书丰富收录36件做法、87件作品，热爱台湾的指吸快子，要以最缤纷的创意女孩系拼布，让你一眼就无法抗拒，被她的甜美魅力吸引！

首翊&手艺　热爱出版♥

博客来网络书店、诚品书局、纪伊国屋、金石堂书店、何嘉仁书店、隆德总经销、《巧手易》杂志、各大书局

2月14日情人节
全台热爱♥上市

读者超好康！

寄回“指吸快子の拼布甜蜜世界”回函
即有机会抽中作者提供的可爱小配件包
抽奖截止日期：2012年4月25日（邮戳为凭）
得奖名单将公布于巧手易网站及NO.50期（六月号）

免费体验

指吸快子
纪伊国屋书店新书发表 & 拼布小物

台北场 2012年3月4日（日）
时间：PM03:00 ~ PM04:30
开课人数：15名
地点：台北微风广场5楼

台中场 2012年3月3日（六）
时间：PM03:30 ~ PM05:00
开课人数：15名
地点：台中广三崇光百货12楼

以上活动报名方法请接洽：
《巧手易》报名热线 TEL：(02)-25238985
纪伊国屋书店（微风店）TEL：(02)2721-2304
纪伊国屋书店（中港店）TEL：(04)2329-3086

名额有限，敬请把握！

甜甜圈针插吊饰

《巧手易》独家限定

指吸快子 拼布研习课

甜蜜旅行提包

作品尺寸：约 30cm × 19cm

材料费原价 NT ＄ 2,500.–
研习费原价 NT ＄ 2,500.–
超值体验价 NT ＄ 3,500.–/ 每人
（研习费＋材料包）

台北场
时间：2012 年 2 月 29 日（三）
AM10：00 ~ PM04：00
（中午休息 1 小时，午餐自理）
地点：台北市南京东路一段 52 号 6 楼
《巧手易》杂志

台中场
时间：2012 年 3 月 2 日（五）
AM10：00 ~ PM04：00
（中午休息 1 小时，午餐自理）
地点：台中市北屯区河北西街 75 号
隆德展览厅

巧手易独家限定材料包
指吸快子全新设计包款

材料包 巴黎之恋提包

作品尺寸：约 38cm × 26cm × 10cm

原价 NT ＄ 3,800.–
材料包超值价 NT ＄ 2,800 元

扣环颜色可选：
请于购买时注明，
数量有限，售完为止！

黄　深紫　桃红　深蓝　橘黄　橘红　浅紫

以上活动报名 & 材料包购买资讯请接洽《巧手易》热线 TEL：(02)–25238985
名额有限，敬请把握！报名截止日期：2012 年 2 月 15 日（三）

龙呆家族点点名！

龙年来了，我们想献给大家一群掰税掰税（闽南语，丑得可爱的意思）的龙呆，
尤其是龙妹妹，会化身各式各样的拼布杂货，陪大家过一整年喔！—— 布里红

作品设计、制作、提供／林诗龄老师、王美芳老师、傅珊珊老师　摄影／C.CH　文字／璟安　美术设计／启予

恭喜发财！

龙呆造型贴布缝　钥匙包

2012 龙年“一人一句吉祥话”

龙呆接龙大赛开始啦！

你觉得谁的造句最有创意呢？

完成尺寸：约18cm×31cm（造型贴布缝）
作品尺寸：约10cm×14cm（钥匙包）

内附龙呆贴布缝图案　制作方法请参考P.59

迷你可爱的 12 生肖，

来到《巧手易》向大家拜年啰！

什么动物的人气最旺呢？

大家来猜猜看吧！

作品欣赏

迷你 12 生肖吊饰 &龙宝宝吊饰

作品尺寸：
约6.5cm×116cm（迷你12生肖吊饰）
约8cm×30cm（龙宝宝吊饰）

糖果

作品设计、制作、提供／指吸快子老师、郭桃甄老师　摄影／C.CH　文字／Brownie　美术设计／启予

糖果杂货店·置物盒

日本梦幻拼布教主 指吸快子＋台湾袖珍甜点达人 郭桃甄

街角的粉红色招牌，

橱窗里绚丽的糖果们，

每一颗都是甜美的回忆，

喔喔，不小心就流口水了。

完成尺寸：约13cm×10cm×10cm

初学
有拼布基础的初学者

内附原尺寸图
制作方法请参考P.103

小毛球与迷你糖果的组合，
是不是有一种甜滋滋的感觉呢？

Open look！

甜蜜城堡·玻璃罐

完成尺寸：圆直径约6cm，高约12cm

如果我有一座城堡，

蓝莓脆笛酥是窗户，

屋顶会是草莓饼干，

樱桃棒棒糖就是门牌了。

用自己喜欢的糖果装饰，超可爱！

初学

有拼布基础的初学者

内附原尺寸图

制作方法请参考P.103

享誉欧洲的拼布大师

托恩·芬南吉尔

托恩·芬南吉尔

挪威人，享誉欧洲的拼布大师，其作品风靡欧洲，被拼布爱好者称为最畅销的时尚家居布艺作家。托恩·芬南吉尔在许多方面都堪称专家，绘画、造型、色彩设计、平面设计、颜料运用无不精通。她曾在挪威首都奥斯陆做室内设计师和装潢师，后来搬到挪威南部的彻默岛，在通斯贝格开了一家休闲爱好中心。她的布艺作品融合了北欧地区自然乡村风格，创造出温馨甜美的梦幻感，并创立了极具盛名的 Tilda 手作布艺品牌。

她的著作有：

《布艺样的家·温馨家居布艺》、《布艺样的家·节日家居布艺》、《布艺样的家·创意家居布艺》、《布艺样的家·快乐动物布艺》、《布艺样的家·阳光家园布艺》、《布艺样的家·冬情夏趣家居布艺》、《布艺样的家·温情家居布艺》。

拼布生活提案

厨房

Kitchen

每一个喜欢下厨料理的人，似乎都曾经在心底勾勒出一座理想厨房，幻想自己穿着可爱的围裙，在各式食材围绕的城堡里，尽情地发挥想象力，做出一道道色香味俱全的料理。然而，现实常常与幻想背道而驰，你可能无法拥有一座有大片落地窗的开放厨房，或是原木打造的乡村厨房，不过，通过拼布元素的点缀，布置厨房道具的陪衬，你将拥有一座别出心裁、巧思独具的个性厨房。拼布生活提案本期邀请四位名师，用拼布的系列作品，打造出四种不同的厨房风格，满足料理人的想象。新春时分，不妨跟着名师的脚步，为厨房换上新气象吧！

胡金治老师的
微醺时尚厨房

作品设计、制作、提供／胡金治老师　摄影／萧维刚
编辑／简子杰　美术设计／启予
摄影场景提供／格丽斯厨坊建国店 02-25017489

故事设计 文/J.J.

大学毕业之后，我就一直是一个人生活，一个人张罗生活中的大小事，也要煮饭给自己吃喔！经过很多年，生活十分平顺，没有发生什么值得大惊小怪的事情，不过，有时候也会在一个人的夜晚，脑海里掠过“好寂寞啊！真希望有个人做伴”的念头，越是这样想，就越是没完没了地渴望一双大手的温暖，结果终究只能替自己倒一杯勃艮地红酒，让自己醺醺然地睡去，暂时忘记一个人的孤单，明天又一个人知足地活着……

微醺时尚厨房·餐垫制作方法请参考P.50、51
(杯垫及桌巾同餐垫做法是不同尺寸的延伸)

桌巾

Kitchen

完成尺寸：餐垫 约37cm×24cm
椅背套 约50cm×26m
作品尺寸：桌巾 147cm×35cm
杯垫 10cm×10cm

作品欣赏

设计概念

利用黑与白的强烈对比，加上大小格子的交错，创造出一系列简约却又时尚感十足的餐厨作品，是在安全配色的设计构思之下，迸发出让人为之惊艳的惊喜创作。

椅 背 套

HOW TO MAKE

做法绘图 / 宇柔

材料

印花布 70cm × 110cm
棉衬 33cm × 110cm
松紧带 1cm × 70cm
母子扣 2cm

做法

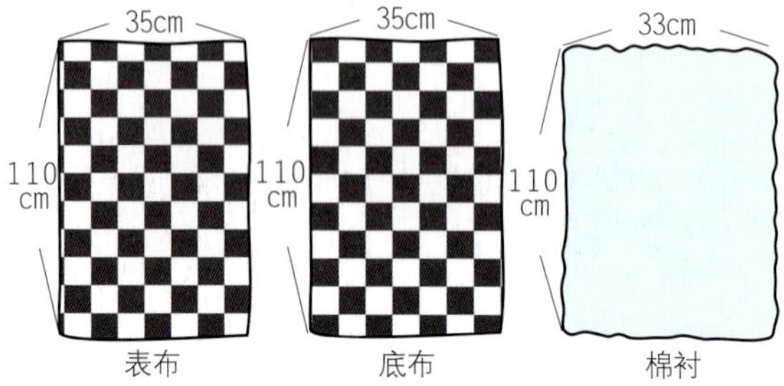

1. 依尺寸标示裁剪各片布。
印花布 35cm×110cm2 片，棉衬 33cm×110cm1 片。

2.

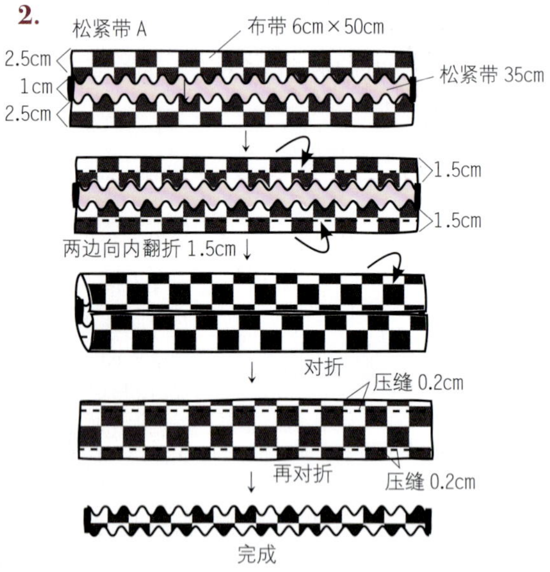

3. 如图将松紧带 A 与松紧带 B 做好。

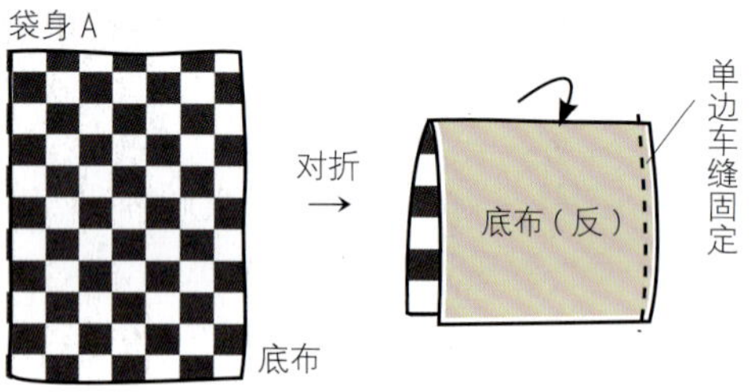

4. 袋身 A：底布对折，单边车缝固定。

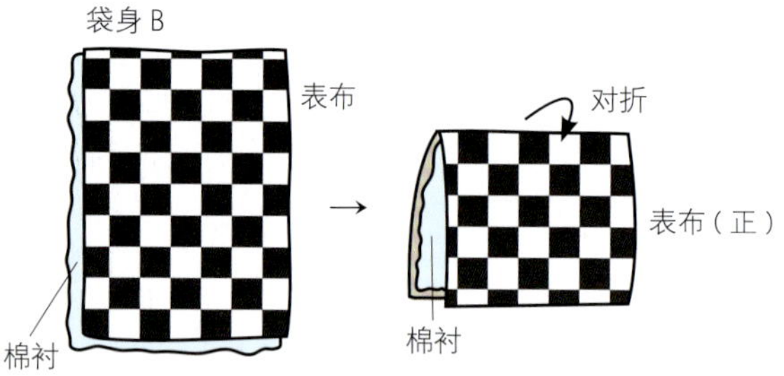

5. 袋身 B：表布＋棉衬对折。

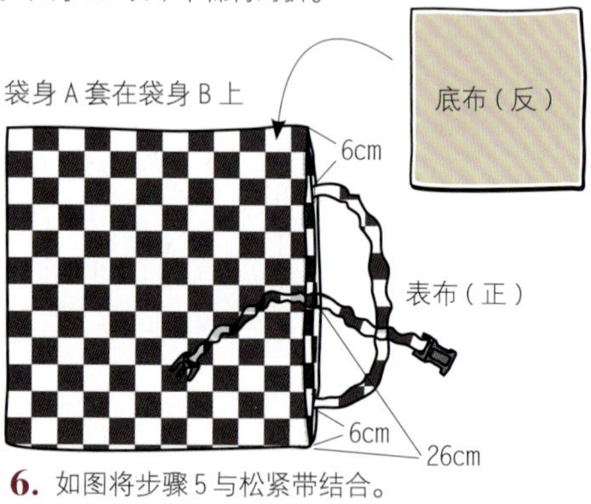

6. 如图将步骤 5 与松紧带结合。

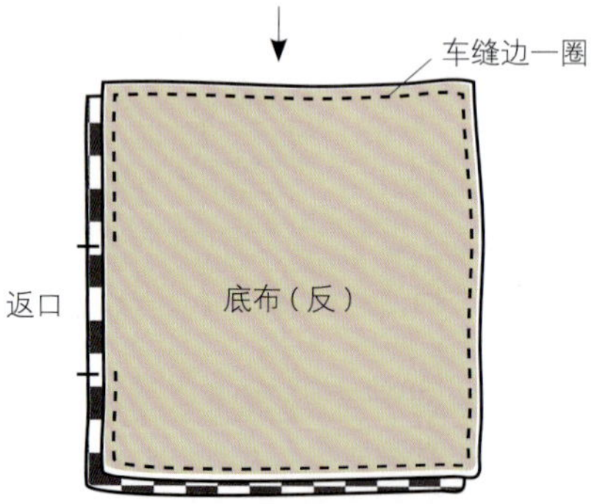

7. 袋身 A 袋身 B 相套，除返口不缝合之外其余车缝一圈。

8. 翻回正面，整烫后沿边缘 3cm 压缝一圈即完成。

微醺时尚

椅背套

我们都渴求温暖，
却也莫忘生命的原貌，
本是孤独的存在。

有紧急情况时，也可以用来当做救灾头巾喔！

Kitchen

王琼玲老师的
勇敢女孩厨房

作品设计、制作、提供 / 王琼玲老师 摄影 / 萧维刚 编辑 / 简子杰 美术设计 / 启予
摄影场景提供 / 格丽斯厨坊建国店 02-25017489 面包提供 / Jack's [illegible]ry

勇敢女孩厨房·围裙

一边是口袋，一边是擦手巾。

制作方法请参考P.52、53

故事设计

文/ J.J.

因为很喜欢吃面包和蛋糕一类的点心，常常四处寻访好吃的幸福甜食，每每在面包店或是蛋糕店里，就会觉得自己好像置身在天堂一样快乐，也时常在想，这些可口又漂亮的小食物们，是如何产生的呢？想必一定是糕点师傅倾注了很多很多的心力，抱着“想要让品尝的人获得幸福感”的心意，而一点一滴慢慢地制作出来的吧！由于自己也有很想要拼了命守护的人，想要让他感受到幸福的滋味，于是最近也开始试着依照食谱做出一些小点心，虽然还有很大的努力空间，不过我在想，如果可以一直这样努力下去，总有一天一定会做出让人忍不住赞叹“好幸福喔”的甜点吧！

完成尺寸：隔热手套 约17cm×25cm
围裙 约76cm×86cm
作品尺寸：锅垫 20cm×20cm
餐垫 40cm×40cm

作品欣赏

餐垫

作品欣赏

锅垫

设计概念

女孩们永远的好朋友——蕾丝缎带，加上乡村风格的印花布料，运用明亮的粉红色系点出作品的轮廓，是一组女孩们心目中浪漫优雅的首选作品。

隔热手套

HOW TO MAKE

做法绘图 / 宇柔　★内附原尺寸图

材料

图案布约 60cm
接着铺棉 30cm
里布 30cm
蕾丝花朵少许
蕾丝少许

做法

1. 将表布整烫于接着铺棉上（正、反各 1 片）。表布＋铺棉，里布正、反各 1 片，留缝份 0.7cm 剪下。依照图案布的形状于表布压线。

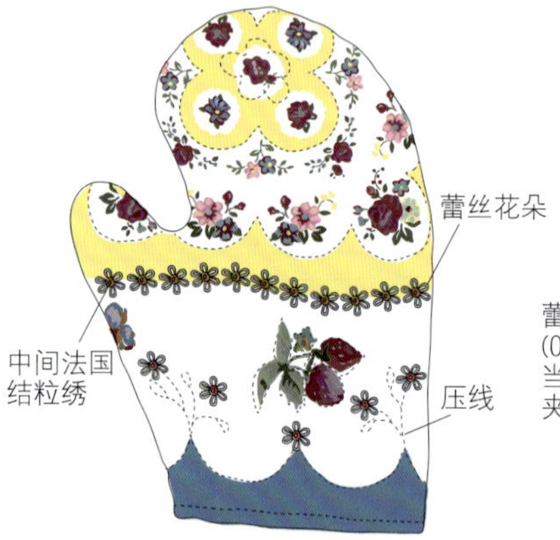

2. 将蕾丝花朵排列于图示位置，以缎带于花心位置施以法国结粒绣，将花朵依序固定于手套上。

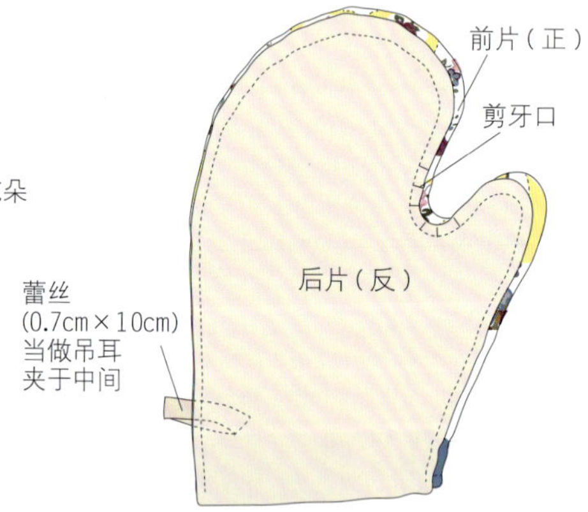

3. 将表布 2 片正面对正面缝合，此时夹入吊耳。

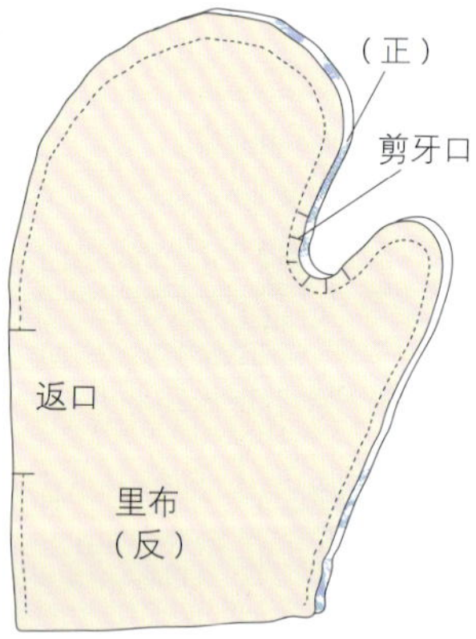

4. 将里布 2 片正面对正面缝合，并于侧边留返口。

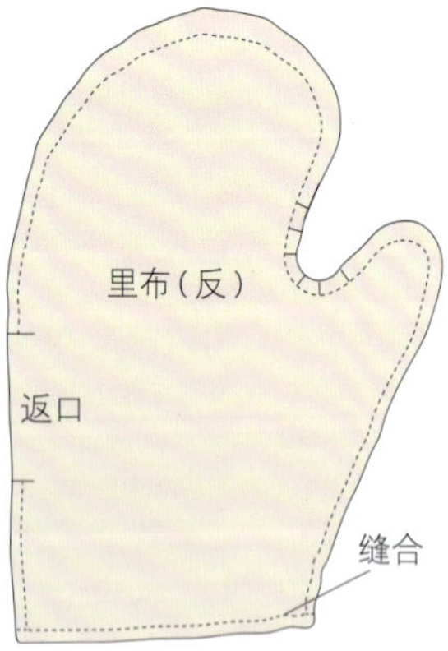

5. 将手套表布、里布正面对正面缝合腕口处一圈之后，翻回正面。

6. 于腕口处边缘压缝一圈，并将返口处以藏针缝合即完成。

勇敢女孩厨房·隔热手套

只要努力朝着自己想要前进的方向走去，
有一天他会感受到你坚定的心意，
也说不定……

石碧霞老师的
乡村慢活厨房
Kitchen

作品设计、制作、提供／石碧霞老师　摄影／萧维刚　编辑／简子杰　美术设计／启予　摄影场景提供／格丽斯厨坊建国店 02-25017489

故事设计 文 / J.J.

两年前生了一场大病后，深深体会到生命的渺小与短暂，于是就在逐渐康复之后，与先生静下心来谈了关于未来的想法，决定辞去多年忙碌的广告企划工作，回到好山好水的东部老家，与父母一起开始农作生活。农作生活的一开始，也会有很多不适应的地方，也会遇到很多的困难，不过，收获的那一刻，所有的苦涩与不安也就随之烟消云散了。在慢悠悠的乡村时光中，又重新发现了一些一直以来被自己遗忘的美好，尤其是父母无私醇厚的关爱，还有与家人相处的细枝末节的快乐。如果可以，我会一直守护着自己的家园，一直……

作品欣赏

留言板

内附原尺寸图
制作方法请参考P.54、55

乡村慢活厨房 · 围裙

把口袋做成苹果的形状，
很有趣吧！

设计概念

使用格子印花的棉麻，搭配高彩度复刻布的苹果图形，制成一系列平实之中却又带点趣味性的可爱作品，而点缀用的棉蕾丝，也不经意地勾出作品的浪漫气息。

完成尺寸：塑料袋收纳袋 圆直径10cm × 30cm
围裙 约68cm × 74cm
作品尺寸：留言板 约32cm × 43cm

塑料袋收纳袋

HOW TO MAKE

做法绘图／月椿 ★内附原尺寸图

材料

表布 30cm
里布 40cm × 40cm
苹果配色底布 15cm
苹果布 3 色各 15cm × 15cm
苹果梗配色布 5cm × 10cm
厚衬 40cm × 40cm
蕾丝 35cm
棉绳 40cm
松紧带 13cm
纽扣 3 颗
毛毡布 5cm × 15cm

做法

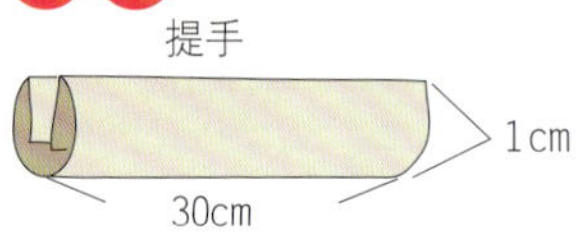

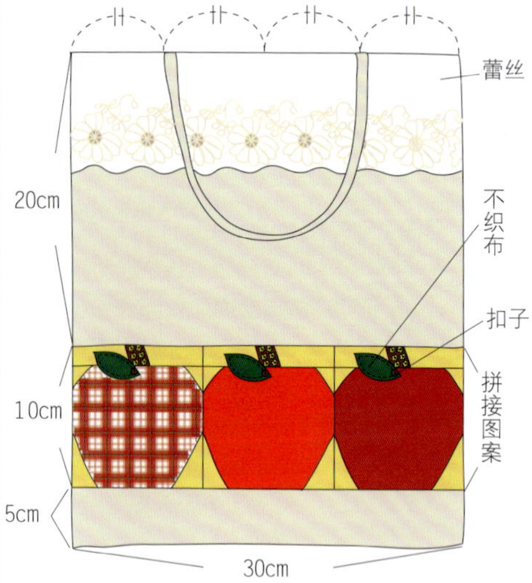

1. 表布拼接完成后，在反面烫上布衬。蕾丝与提手固定于袋口，袋身正面相对车缝成筒状，里布同样车缝成筒状。

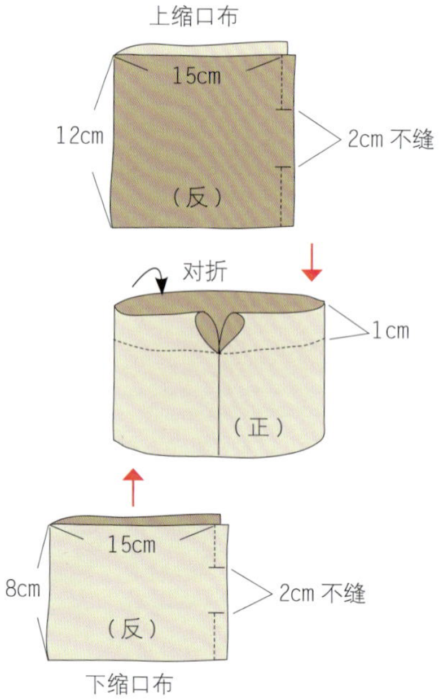

2. 缩口布对折车缝上下，中心留 2cm 的穿绳口，烫开缝份，表面向外对折成筒状，沿对折边 1cm 处车缝一圈。

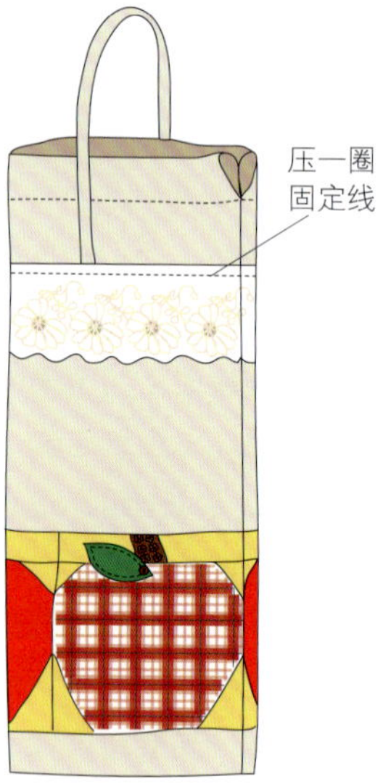

3. 将里袋套入表袋，与表袋正面相对，中间夹车上缩口布，翻回正面，袋口处车一圈固定线。

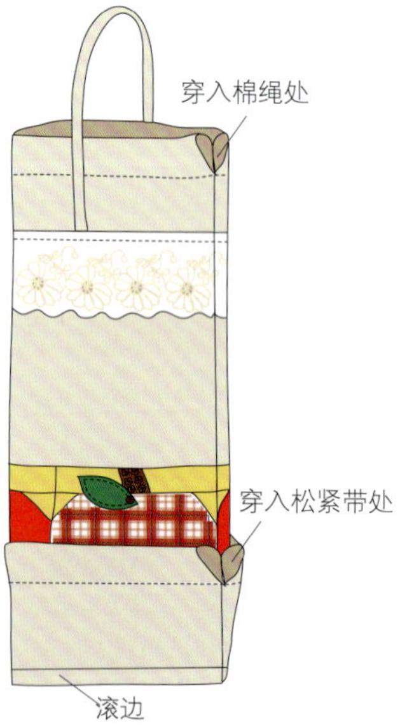

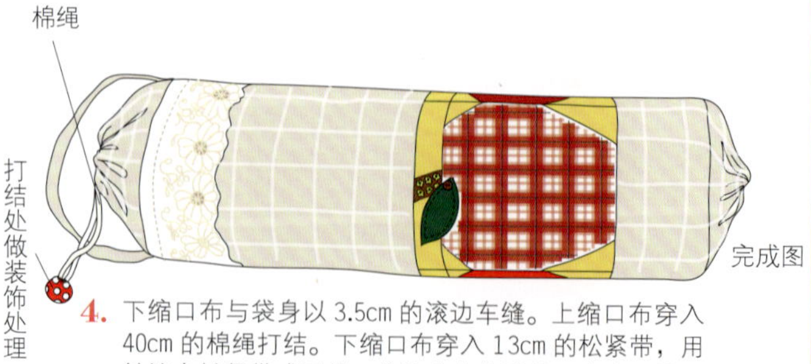

4. 下缩口布与袋身以 3.5cm 的滚边车缝。上缩口布穿入 40cm 的棉绳打结。下缩口布穿入 13cm 的松紧带，用针缝合松紧带成圈状，将缝合点拉进缩口布内，缝上叶子与纽扣即完成。

乡村慢活厨房・

塑料袋收纳袋

有时候，
总会在生命的幽微处，
重新感受到活着的美好。

黄秋英老师的
幸福妈妈厨房
Kitchen

作品设计、制作、提供／黄秋英老师　摄影／萧维刚　编辑／简子杰　美术设计／启予　摄影场景提供／格丽斯厨坊建国店 02-25017489

设计概念

运用蓝色点点布搭配各式花布，呈现德蕾斯登图形的系列设计，使作品营造出缤纷欢乐的感觉，是让做菜的人会不禁莞尔、充满幸福感的细腻之作。

作品欣赏

毛巾吊环

内附原尺寸图

完成尺寸：隔热手套 约21cm×12.5cm
作品尺寸：置物盒 口径9.5cm×底13cm×高4.5cm
锅垫 圆直径20cm
毛巾吊环 14cm×10.5cm

作品欣赏

锅垫

贴心的挂耳设计，收纳更便利。

故事设计 文／J.J.

今年春天，就读日光小学一年级的儿子开始需要带着便当上学，为了能让儿子在打开便当盒的一瞬间内心涌现出满满的惊喜，而产生“我要努力把今天的便当吃光光”的斗志，我总是绞尽脑汁地构思着儿子的便当菜色。每天早晨，闹钟提早一小时铃铃做响，我就钻进厨房着手一日的忙碌，满心期待地完成儿子的便当，然后目送着儿子出门上学，对他说声“路上小心喔”，才能放心地给自己一个微笑。因为要替儿子准备每日的便当，不知不觉，待在厨房的时间也越来越长了，常常试着做一些适合孩子又有营养的便当料理，一不小心就忘记时间了，也越来越喜欢做菜这件事情，尤其是替自己心爱的宝贝做菜，成了我当妈妈以后最幸福的厨房时光。

隔热手套

HOW TO MAKE

做法绘图／宇柔　★内附原尺寸图

材料

表布 30cm×30cm
小布块 6 种少许
25 番绣线少许
花扣

做法

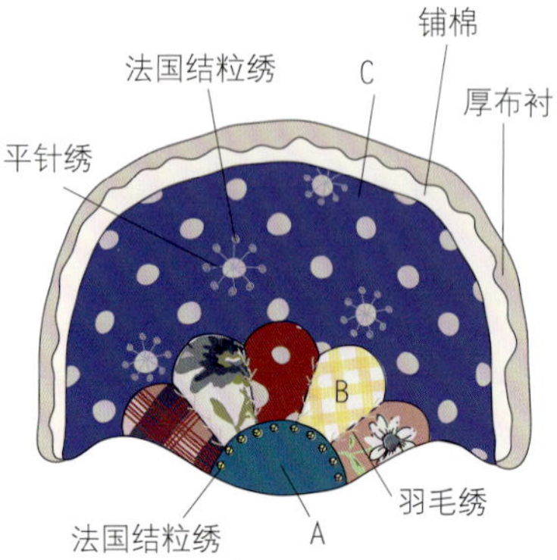

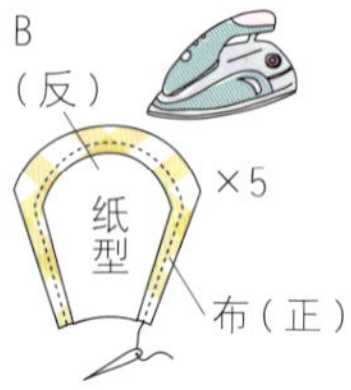

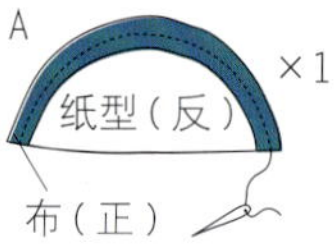

B 与 A 拉紧线用熨斗整烫形状

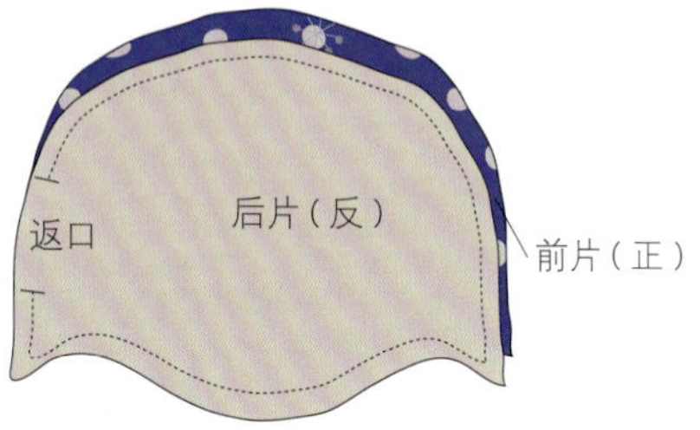

1. C 片表布在反面烫上铺棉与厚布衬，拼接 5 片 B 片德蕾斯登图形与 A 片贴缝完成后，再贴缝在 C 片表布上，分别绣上羽毛绣、法国结粒绣。C 片的前片与后片正面相对车缝留返口，翻回正面藏针缝合返口，制作 2 组。

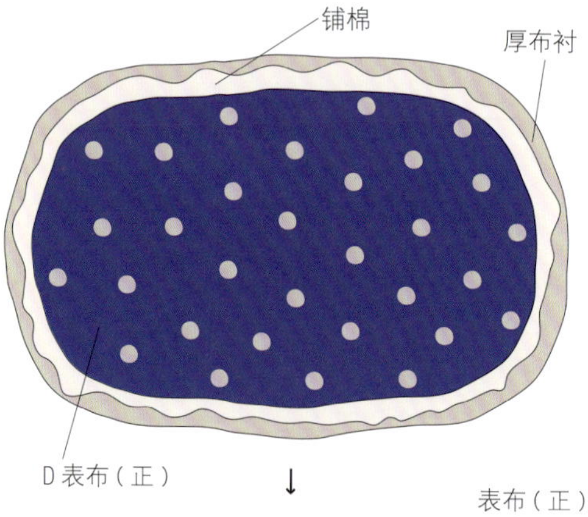

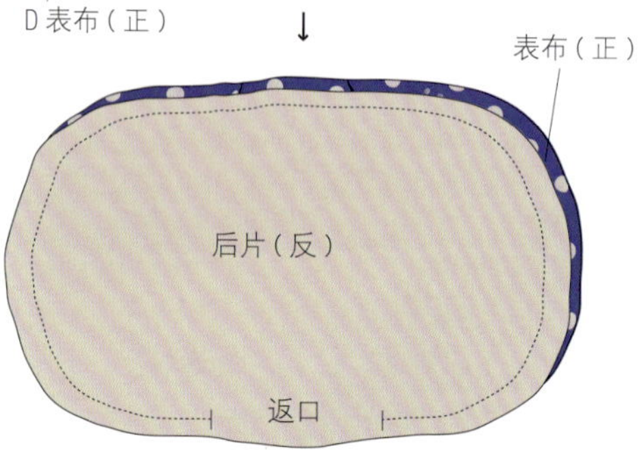

2. D 片表布在反面烫上铺棉与厚布衬，再与后片正面相对车缝留返口，翻回正面藏针缝合返口。

挂耳裁尺寸：2cm×22cm

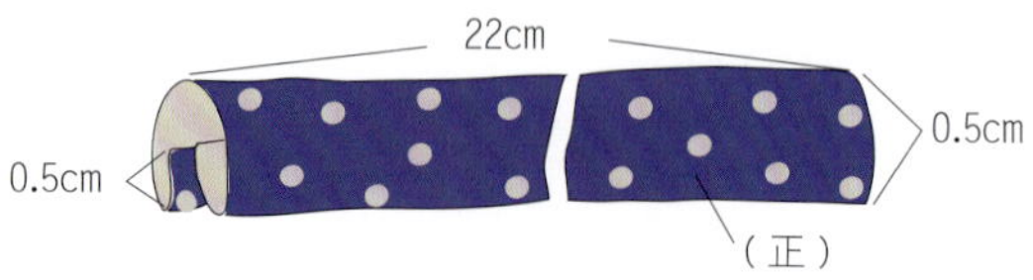

完成图

3. D 片与 C 片放至正确位置，使用卷针缝合即完成。

幸福妈妈厨房·隔热手套

为自己在意的人，
做一道用心的料理，
或许就是生活里的小幸福！

Food's Point

利用羊毛毡结合拼布的创意，做出立体造型的糖果，表布使用先染布及缤纷的图案布混搭出全新的手作感，让包包更加可爱了。

梦幻糖果篮化妆包

糖果乐园里的咖啡杯，
载着香甜的女孩梦幻，
满怀期待的约会心情，
在拼布的世界转圈圈。

作品设计、制作、做法提供／小布点拼布 郭铃音老师
摄影／Akira 文字／璟安 美术设计／月椿

Focus 糖果造型的拉链头

完成尺寸：约15cm×23cm 内附原尺寸图 制作方法请参考P.58

作品欣赏

棉花糖女孩的咖啡时光

作品尺寸：15cm × 23cm

用羊毛毡的技巧做出人物表情，不妨也来喝一杯咖啡吧！

优雅地喝着咖啡，
分享平凡的一切，
好姐妹的咖啡聚会，
最能让人放松。

棉背心

不规则花朵

不规则花朵加上爱心，让我的棉背心更加可爱；直线条的构图用布，使衣着更加显瘦。

Dress' Point

使用乡家启子老师设计的布组完成的洋裁系列作品，因为提高色彩度，让总是给人复古味道的排扣棉背心，颠覆了传统印象，赋予其新的流行诠释。

作品设计、制作、做法提供／小野布房 魏廷仔老师、简雪丽老师　摄影／Akira
文字／璟安　美术设计／月椿　做法绘图／宇柔
完成尺寸：约40cm×51cm 内附原尺寸图

仿绣玫瑰棉背心

紫色的天空，开满朵朵蓝玫瑰。
落落大方的优雅剪裁，我的棉背心独一无二。
作品尺寸：47cm×57cm

同色系的花朵提袋，
以讨喜的点点布制作，
简洁实用的袋形设计，
加上立体装饰花就更迷人了！

作品尺寸：30cm×33cm×11cm

HOW TO MAKE

材料
表布60cm
里布60cm
口袋用布&后贴边用布30cm
领子的里布30cm
铺棉
紫色用布30cm
皮绳0.5cm×20cm3条
造型扣3颗

做法
1 粗裁前片、后片及领子。
2 铺棉压线。
3 裁剪出正确版型。
4 制作口袋：
a 表布铺棉压线；
b 与里布中表车合；
c 将完成的口袋车至前片上。
5 车合前、后片边及肩。
6 上领子。
7 制作内里：前、后片车合接领子。
8 内外车合，滚边完成。

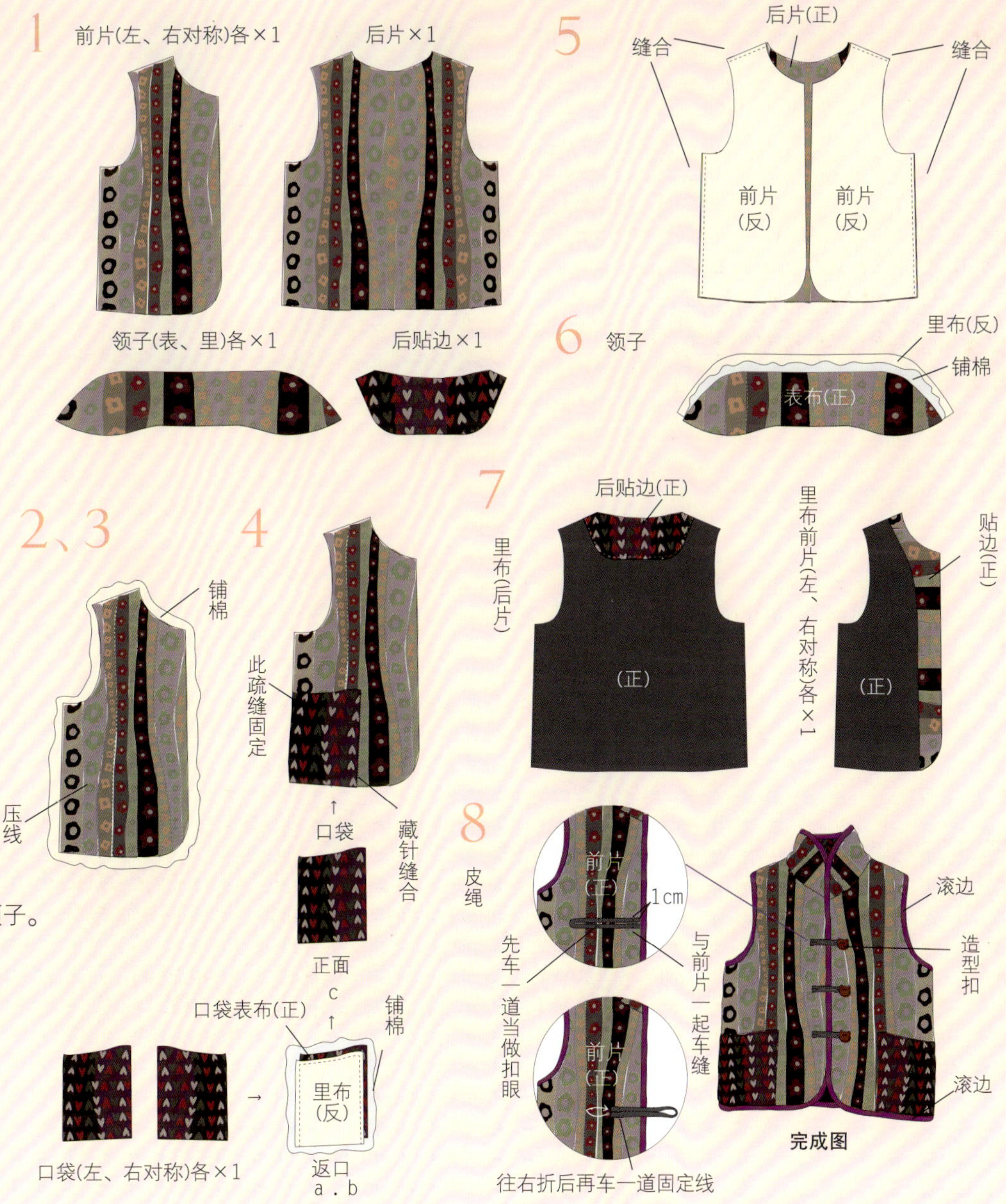

我的咖啡屋

我和先生有个梦想，
想开一间拼布咖啡屋。
但是目前生活太过忙碌，
无法一一实现心中愿望。
唯有拼布可以实现某一部分的愿景，
于是缝了一间咖啡屋送给自己。

House's Point

将心中梦想化为现实，咖啡屋的窗户还能当做置物口袋，
屋外的花朵盆栽用刺绣装饰，墙壁则以多色先染布条拼接而成。

作品设计、制作、情境文字、做法提供／木棉花拼布 李琼惠老师　摄影／Akira　文字／璟安　美术设计／月椿　做法绘图／宇柔

完成尺寸：约33cm×54cm 内附原尺寸图

悠闲的午后，
泡上一壶茶，
慢慢品尝小点心，
轻松悠哉的下午茶时间。

作品尺寸：直径11.5cm

HOW TO MAKE

材料
棉布
先染布
压棉
绣线

做法

1 先将屋顶依A~D贴缝好。

2 G墙左、右各8片先拼缝好备用。

3 屋顶→E墙→F腰带→G墙拼缝起来。

4 门、窗户玻璃部分用内嵌方式贴缝，门的最外框H也是用内嵌方式贴缝。

5 门和I拼缝好之后，再贴缝至墙面上。

6 窗户贴缝好之后，与铺棉、里布车缝组合，留返口翻至正面，压棉备用，咖啡招牌也要贴缝。

7 挂耳布车缝好对折疏缝至屋顶上。

8 表布烫上与房子同尺寸的压棉(双面胶棉)与里布。珠针固定车缝一圈，从返口翻至正面，返口藏针缝。

9 再做压棉的动作。

10花篮轮廓绣。

11最后再将窗户贴缝至墙上，即完成。

1

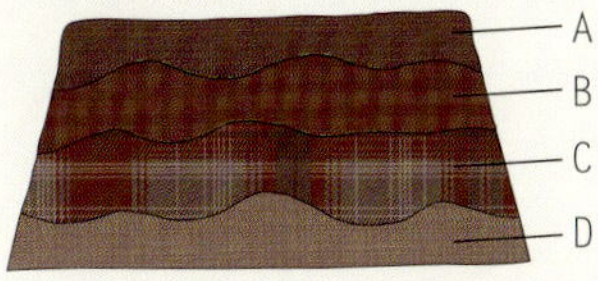

2

3

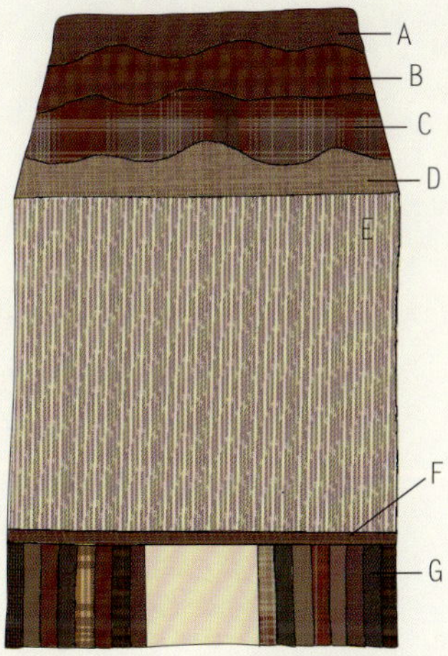

4.5

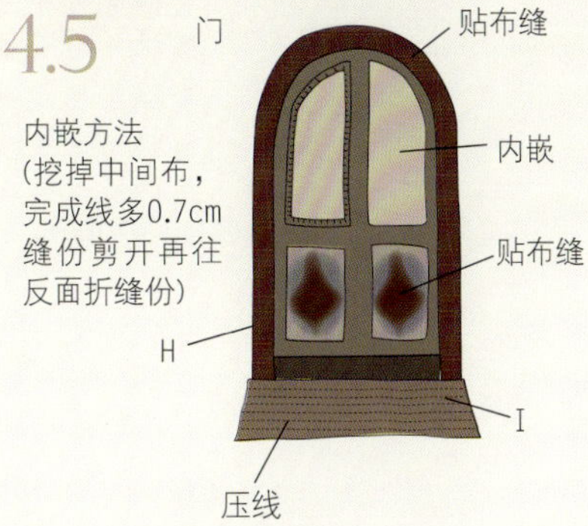

6

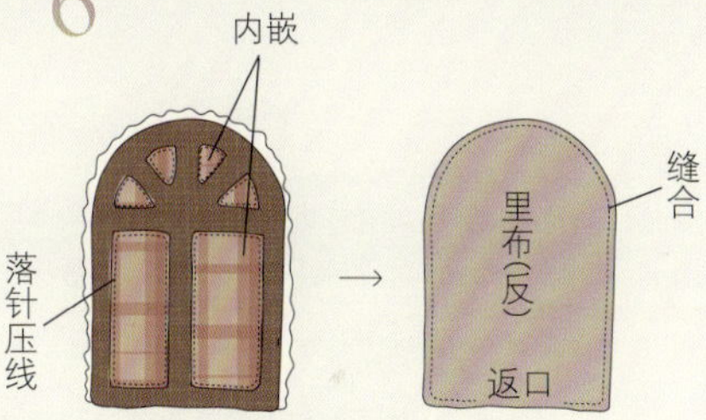

7

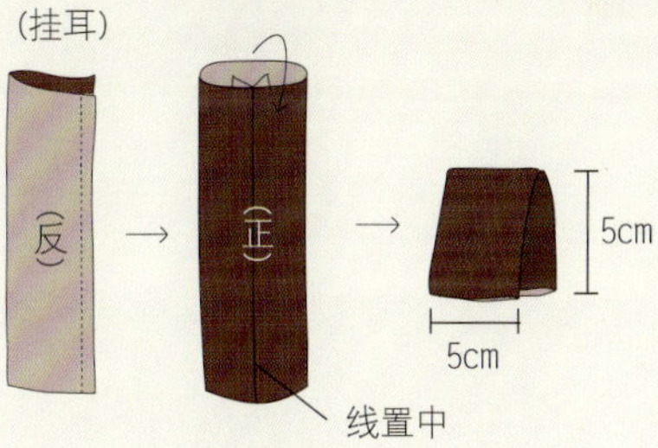

8.9.10.11

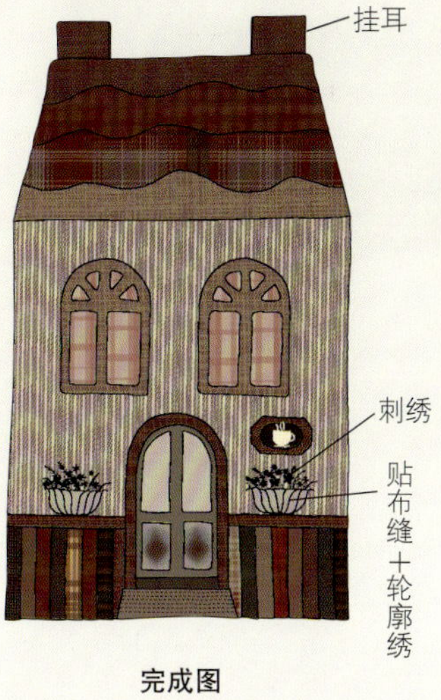

完成图

我们的秘密花园
多夹层收纳包

那个女孩，在花园里灌溉玫瑰，
那个男孩，在玫瑰旁边低语着：
我的秘密也是你的秘密，
你的花园也是我的花园。

Shopping's Point

外出使用的拼布包，最讲究实用性，利用五金配件，不仅可以增加袋物的隐密度，还能使外观更富有时尚感，春天带着它们出游赏花吧！

作品设计、制作、做法提供／黛西老师　摄影／Akira　文字／璟安　美术设计／月椿

完成尺寸：约18cm×14cm　摊开约18cm×32cm

内附袋盖原尺寸图　收纳包制作方法请参考P.56、57

作品欣赏

漫步花间侧背包

还记得吗?

我们总是相约放学后,

在花园的围墙边,

穿着花裙子踮起脚尖,

只为了看一眼他的背影。

作品尺寸：22cm×29cm×8cm

时尚感超强的五金锁头装置，取代上拉链的麻烦，加上皮革提手更有流行味道!

作品欣赏

花的星愿口金包

我们说好,

要躺在花园的草坪上,

当流星划过天际的时候,

许下新年的愿望,

但你总是比我还先睡着。

作品尺寸：11cm×6cm

不需费力打开的按钮式特殊口金，超便利!

好姐妹的相聚时光
花样厨娃大方提袋

不知怎地，天空忽然就下起了雨。
贴心的小豆芽精灵，
刚好提供给我们一人一“瓣”的躲雨空间，
这样好姐妹的感情才永不会散啊！

作品设计、制作、做法提供／苏玲满老师　摄影／C.CH　文字／璟安　美术设计／Oops　做法绘图／月椿　内附原尺寸图　完成尺寸：约33cm×25cm×13cm

HOW TO MAKE

材料
先染布
棉布
贴布片
坯布
里布
铺棉
绣线
装饰扣
蕾丝
娃娃头发
拉链35cm1条
拉链15cm2条
提手

做法

一、前片
1 拼接贴布完成。
2 表布+铺棉+坯布疏缝压线。
3 装饰各个部位。

二、后片上层
1 拼接完成。
2 表布+铺棉+坯布疏缝压线。
3 缝拉链处包边完成。

三、后片口袋
1 贴布完成。
2 表布+铺棉+里布疏缝压线。表布上方缝份2cm，压完线之后剪去缝份的铺棉与里布，表布往内折2次。
3 缝上15cm拉链2条。
4 翻至背面缝上口袋里布。口袋里布往外并折藏针缝固定于拉链缝份上，中心平针缝固定。

四、侧边口袋
1 侧边口袋固定于侧边位置上。

侧边口袋做法
1 下方缝份留2cm，压完线后修掉缝份的铺棉与坯布，表面再往内折2次。
2 中心点往外3.5cm处打褶。
3 缝上蕾丝。
4 将口袋固定于侧边位置。

五、内袋制作
1 制作与袋身相同尺寸的内袋。
2 内袋套入表袋里。

六、拉链挡布做法
1 表布2片正面车缝，翻至正面。
2 0.7cm缝份往内折。
3 夹入拉链，塞入少许棉花。
4 藏针缝合返口。

七、制作拉链口布(2片)
1 31cm×5.5cm折双贴布衬，车缝左右两侧后翻回正面。
2 缝上拉链，缝上拉链挡布。
3 将拉链口布固定于袋身包边一圈。

八、组合袋身

一

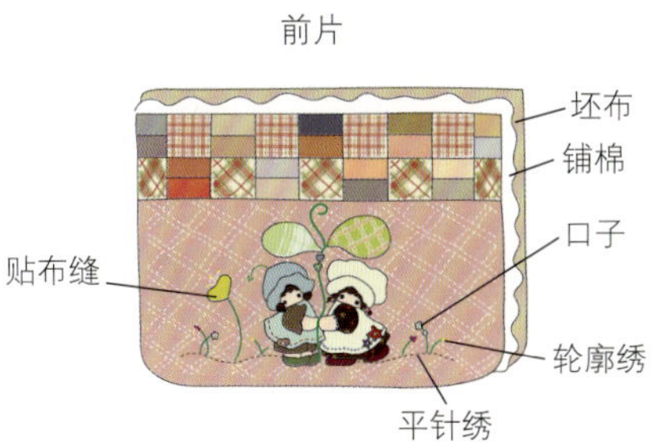

二、三

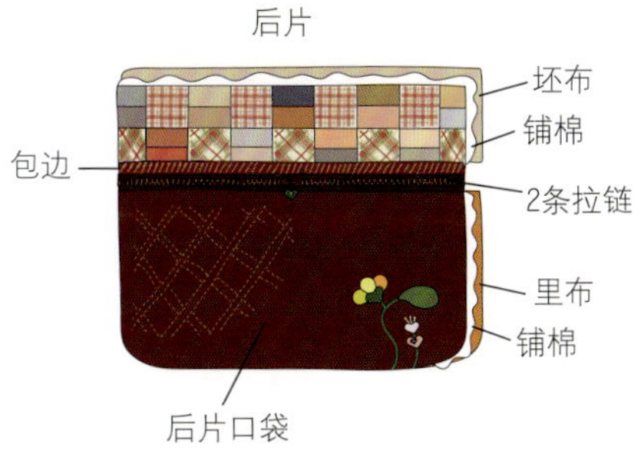

四、五

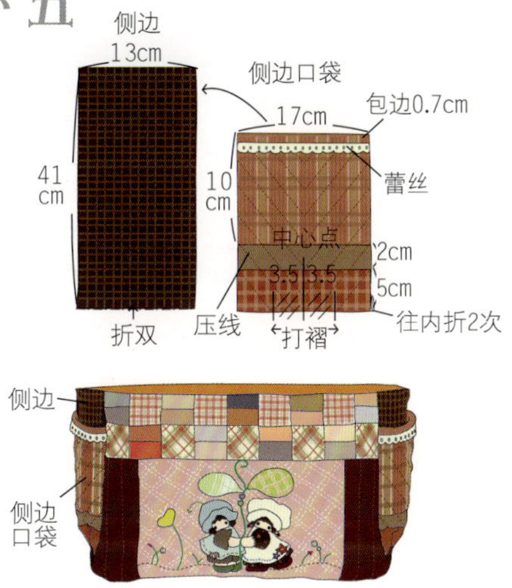

六、七

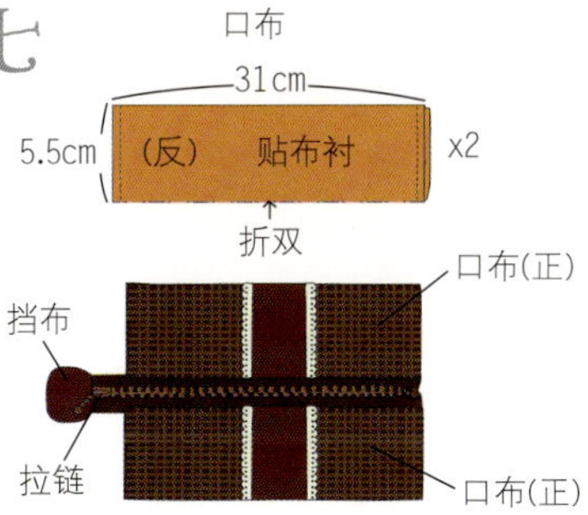

八

完成图

Side Look

Back Look

花样厨娃小档案

好可爱拼布系列最新诞生的人物，名字来自我在博客上的票选活动。花样厨娃帽子上的3个结粒绣，代表“爱、快乐、勇气”的种子。 ——苏玲满老师

樱桃花饭团包

以传统图形Fammy Hexagon
作为表袋拼接的主题，
使用碎花、点点、桃粉配色布，
营造春天感觉的甜美色系。
桃色系的时尚提手，
与作品堪称超人气绝配组合！

作品设计、制作、做法提供 / 阿Kat　摄影 / Akira　文字 / 璟安　美术设计 / Oops　做法绘图 / 宇柔　内附原尺寸图　　完成尺寸：约20.5cm × 22cm × 6.5cm

袋口用鹅黄色的小包扣做安全设计，
使袋内物品不易掉出，
美观又聪明的手作小点子！

花的小字典

樱桃花（ P.CHERRY BLOSSOM ）

天竺葵的一种，是极佳的窗台盆栽植物，
桃粉色的花朵、白色的花心是其特征，
花期为夏季至秋季。

HOW TO MAKE

材料
配色布7款，每款8cm×60cm
侧身布(厚刷毛布)15cm×65cm
里布45cm×60cm
袋盖布15cm×30cm
滚边布4cm×50cm(斜纹布)
铺棉45cm×30cm
塑料磁扣1组
直径2cm包扣1颗
包扣用布4cm×4cm
宽2.5cm缎带两色各15cm
提手1条
金属圆环1对
铆钉

做法（实物大纸型不含缝份，请预留缝份剪裁）

1 配色布共裁剪50片，拼接完成前、后袋身表布。
2 袋身表布与铺棉一起压线，依照袋身纸型修剪尺寸。
3 厚刷毛布依照侧袋身纸型裁剪，不需要铺棉压线。
4 袋身表布与侧身厚刷毛布接缝完成表布袋体。
5 裁剪袋身里布两片与侧身里布一片，接缝完成里布袋体。里袋套入表袋中，袋口疏缝一圈固定。
6 袋盖布两片正面相对放置在铺棉上，沿弧形三层车合，修去缝份处多余的铺棉，缝份剪牙口后翻回正面，沿弧形边缘0.2cm车固定线，完成两组。
7 两组袋盖布缝上塑料磁扣，上片正面以包扣盖住缝线，完成袋盖组合。
8 袋盖组合放置在袋口里侧边缘疏缝固定。
9 两色缎带交叉摆放，对折放入提手的金属圆环，缎带固定在袋口外侧边缘。
10 袋口滚边一圈收尾即完成。

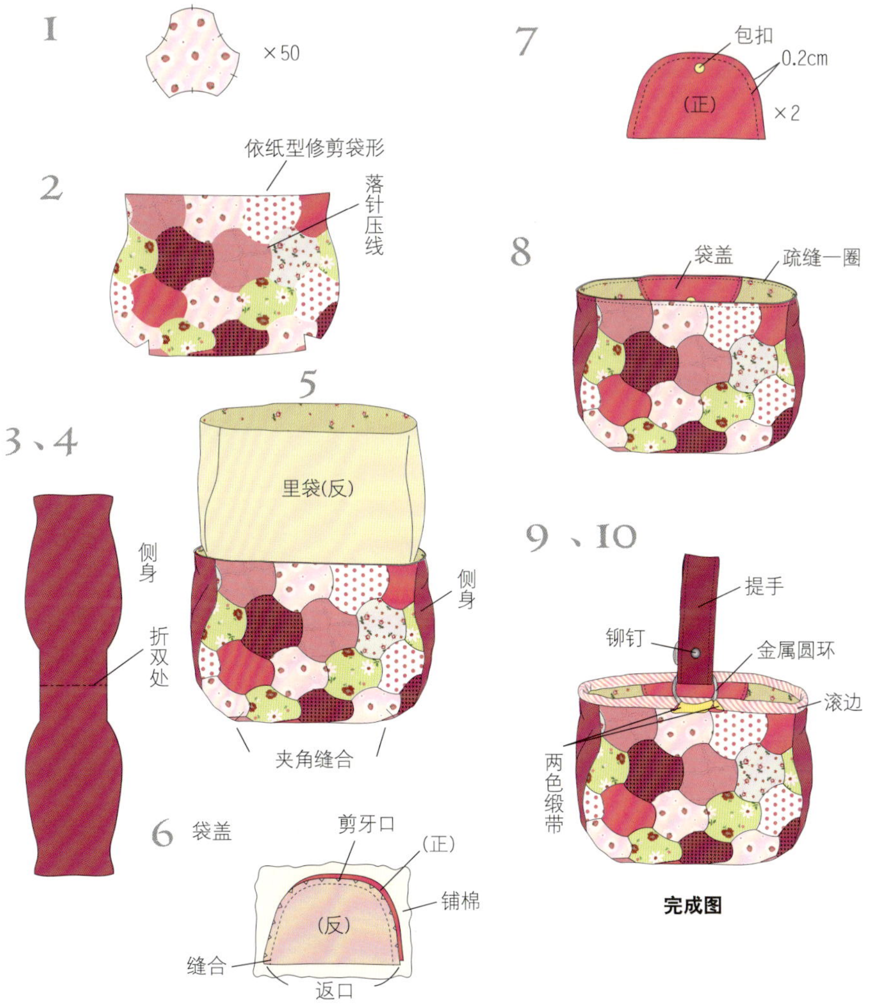

关于笔的故事

随身携带的铅笔，是那年毕业典礼你送给我的。
因为你说拥有一支好的笔，可以写下最美的人生故事。

所以我在坐车的时候，记录别人的表情；
所以我在读书的时候，写下特别的心得；
所以我在工作的时候，把它当成幸运物。

所以，关于笔的故事我又开始写了，
在多年以后，在我又遇见你的时候。

作品设计、制作、做法提供／谢映伊老师　摄影／优视影像　文字／璟安　美术设计、做法绘图／月椿　完成尺寸／约16.5cm×5cm

作品欣赏

白玉蕾丝名片夹

THE POINT OF LACE

以单纯素净的米白色为底，
运用3款造型蕾丝，
交织出有如女孩房间的窗景，
里头还有可爱的小小蕾丝花片呢！

作品尺寸：8cm×12cm
16cm×12cm(摊开)

HOW TO MAKE

材料
宽口金1个
花布12cm×5cm4种
铺棉18cm×12cm
土台布18cm×12cm
里布18cm×12cm
蕾丝35cm
蕾丝花片
装饰小亮珠适量
扣子1个

做法

1 先将表布的花布拼接完成。
2 把表布、铺棉、土台布三层叠在一起，疏缝后压线。
3 再把压好线的表布和里布缝合留返口，翻至正面，返口用藏针缝合。
4 正面缝上装饰的扣子、蕾丝、蕾丝花片与小亮珠。
5 在口金口处涂上白胶，再将完成的本体一边放入一边用锥子把纸绳推进。
6 口金用钳子夹紧，即完成。

1

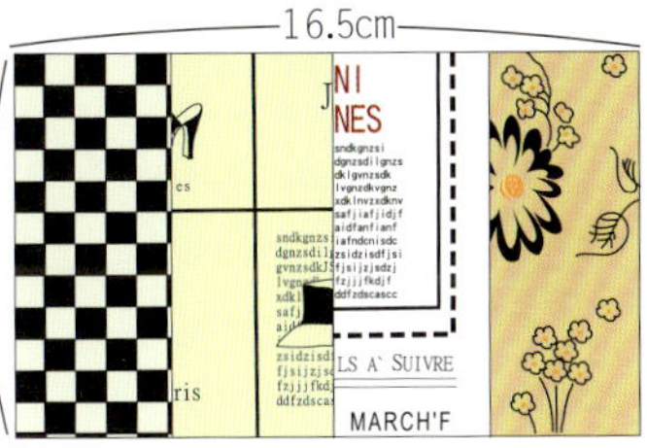

2

3

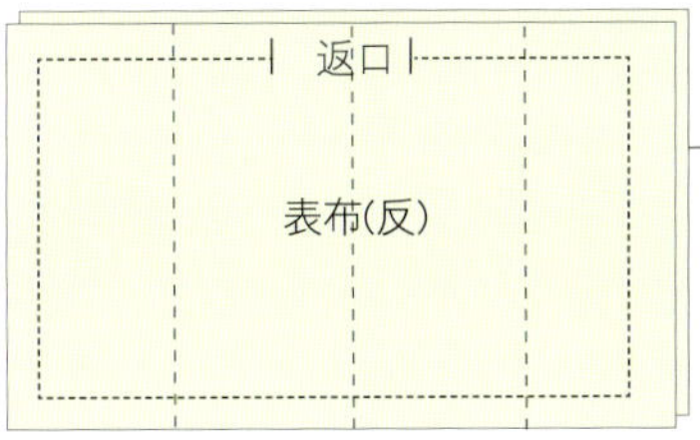

4

5

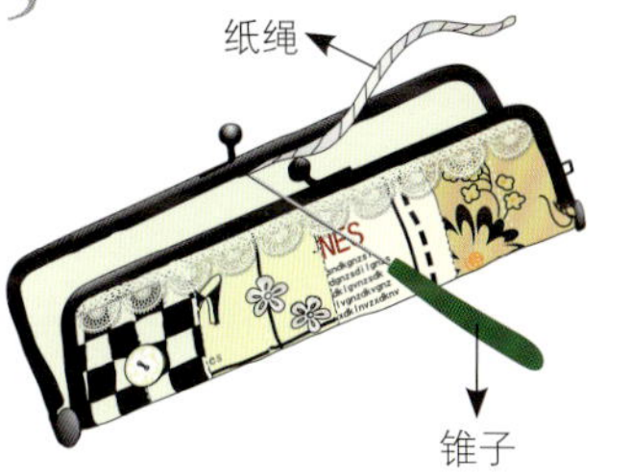

6

完成图

用最自在的姿态挥洒色彩，
成就一幅幅美丽的布画。

鸟语花香收纳包

寄一封信给你，
写着巴黎的风光，
三色堇争艳青鸟飞，
与你分享旅行的春日。

Back look!

■作品设计、示范教学／陈慧如老师　■情境摄影／詹建华
■教学摄影／J.J.　■文字／Brownie　■美术设计／Dabbie
■内附原尺寸图　■完成尺寸：20cm × 14cm

材料准备

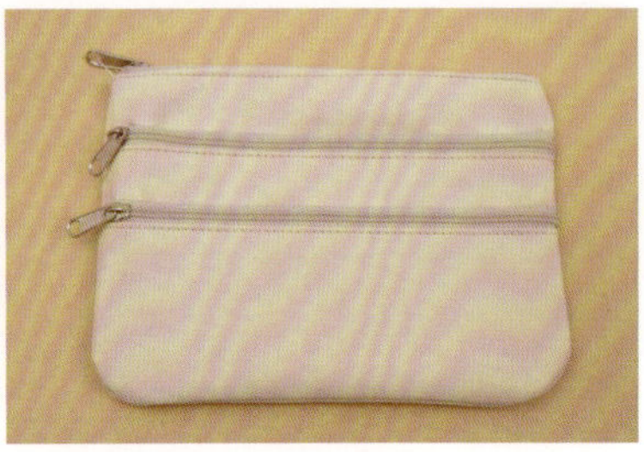

使用素材：SK-01145（彩绘专用三层拉链包）※ 也可自制
使用颜料：So Soft 布用颜料 DSS-1、DSS-19、DSS-49、DSS-83、DSS-40、DSS-38、DSS-23、DSS-56、DSS-35
使用笔型：平笔（12 号、8 号）、圆笔 2 号、线笔 10/0 号
其他工具：印章、印泥、洗笔筒

HOW TO MAKE

※ 括号内为颜料的比例　简称：B= 底色、S= 暗面、H= 亮面、S/L= 单边渐层

1. 三色堇 B/DSS-83，叶子 B/DSS-49，用圆笔 2 号平涂上色。

4. 鸟 B/DSS-83，用圆笔 2 号平涂上色。

6. Spring 字样 B/DSS-38 + DSS-35(1：2)，用 10/0 号线笔。

2. 红色三色堇 S/DSS-38，紫色三色堇 S/DSS-56，用平笔 8 号做 S/L，花中心及花瓣边缘。叶子 S/DSS-19，用平笔 8 号做 S/L。

5. 鸟 S/DSS-56，用平笔 8 号做 S/L，背、翅膀、尾巴、眼睛及嘴用 10/0 号线笔。

7. 使用印章轻拍布用印泥，盖于布上。

3. 红色三色堇 S/DSS-38，紫色三色堇 S/DSS-56，用 10/0 号线笔加强花瓣纹理。红色花心 DSS-23，紫色花心 DSS-40，DSS-1 画两笔白色高光。叶脉、花萼 DSS-19。

8. 袋口边装饰 DSS-35 + DSS-38 + DSS-83(2：1：2) 平涂，DSS-83 用圆笔 2 号画上点点，即完成。

作品设计、制作、提供／隆德贸易有限公司 许爱敏老师、颜淑媛老师
摄影／C.CH　文字／Brownie　美术设计／启予

用布料写故事，写出一段 15 年的历史。

一朵玫瑰花 · 壁饰

■完成尺寸：99cm×95cm
■制作方法请参考P.102

踩着早春的 Jimmy Choo，
漫步在熙熙攘攘的街头，
给自己一朵新鲜的玫瑰花，
一个人的情人节，快乐依然。

玫瑰恋爱日记·购物包

作品欣赏

不管是什么日子，
只要能够跟你在一起，
写下甜蜜蜜的生活日记，
那就是我最想要的情人节。

可折叠收纳的设计，
方便轻巧好携带。

作品尺寸：30cm×35cm

柿柿如意

学习拼布也能长知识，
水果知识一次保你知。

文字及作品提供、设计、制作／二街花园 刘明珠老师
摄影／詹建华　美术设计／啟予

作品尺寸：69cm × 160cm

设计缘由

柿子，为起源于中国的古老树种。根据《礼记》记载，我们的祖先在周代就已栽培柿树，并在重大祭礼礼仪上用柿果作为供品。唐人段成式在《酉阳杂俎》中赞美“柿有七绝：一、树多寿，二、叶多荫，三、无鸟巢，四、无虫害，五、霜叶可玩，六、佳果可啖，七、落叶肥大，可以临书。”相传明太祖朱元璋当上了皇帝，不忘柿树的解饥救命之恩，专程前往拜谢，脱下龙袍亲披树身，加封柿树为“凌霜侯”。柿子营养价值很高，还具有药用价值。李时珍在《本草纲目》中说：“柿乃脾肺血分之果也，其味甘而气甲，性涩而能收，故有健脾、涩肠、治嗽、止血之功。”台湾最大产地为嘉义番路乡，柿饼产业最有名的却是新埔、北埔。近年引进日本甜柿成为中北部山区的高经济作物。欣逢佳节，以此幅拼布作品分享好“柿”连连、开(注1)“柿”大吉、好“柿”重重(注2)到白头(注3)。

注1：白头翁咬开柿子。
注2：谐音“丛丛”。
注3：白头翁。

缝纫生活的乐趣，
来自于每一天都有新创意。
用放大镜观察手作小细节，
就跟着我们一起动手做吧！

How to make

拼布放大镜

- 除了特别指定之外，做法解说内的尺寸皆不含缝份。
- 本单元做法标示的数字单位为厘米（cm）。
- 为避免争议，刊登做法内容皆为设计者提供及示范，部分拼布用语略有不同，敬请见谅。

★★★★★为做法难易度指数。

How to make

★★★

P.15 微醺时尚厨房·餐垫

教学示范／胡金治老师　文字／Milk
摄影／J.J.　美术设计／宇柔

材料

厚布衬、表布（黑白格子布、白色素布）、后背布（圈圈布）

做法

裁布

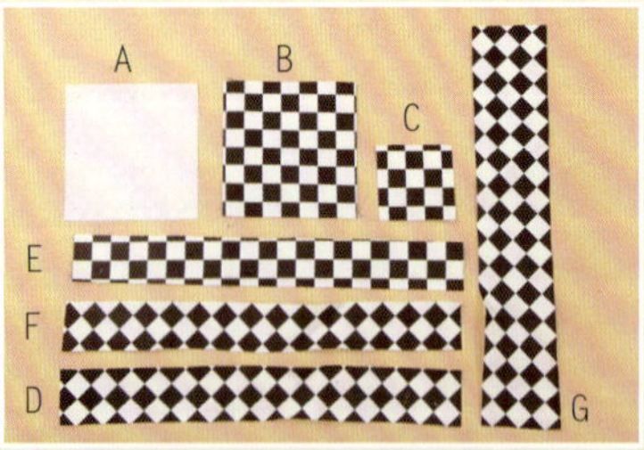

1. 依尺寸裁好布：(尺寸皆已含缝份)
   白色素布　(A)9cm×9cm8片
   黑白格子布　(B)9cm×9cm9片
   (C)5cm×5cm2片
   (D)3.5cm×26cm1片(斜纹布)
   (E)3cm×26cm3片(直纹布)
   (F)3cm×26cm2片(斜纹布)
   (G)5cm×26cm1片

2. 后背布26cm×39cm1片，反面烫上厚布衬。

3. 布的反面先画好0.7cm缝份，如图做记号。(A)与(B)正面对正面接合的边角的点至点记号，2片为一组。

4. 如图另一端再接上另一组。

5. 如图接合完成两组。

6. 再接上第三组。

7. 对齐并缝合接合处，再接缝上方2片。

8. 再接合(C)于边角处。

9. 完成如图。

10. 依步骤3～8相同做法完成另一片后，两片相接。

11. 右侧依序接合(D)→(E)→(G)→(E)→(F)。

12. 左侧再接合(F)→(E)。

※读者可依个人喜好选取布的方向改变边条的设计。

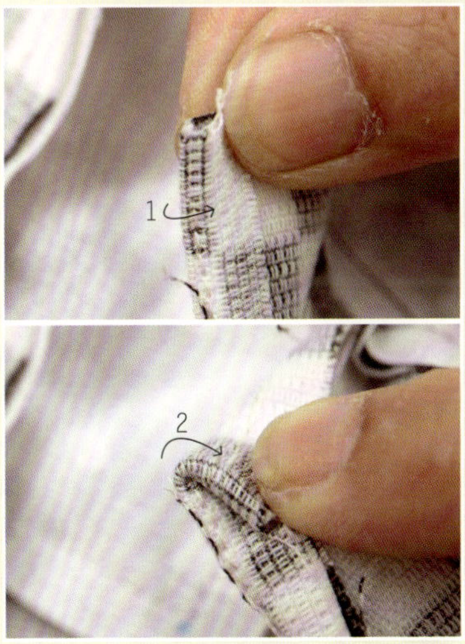

13. 将立体拼接翻回正面的小技巧，在于翻回正面时边角需捏出角度。

14. 翻回正面。

15. 翻回正面后用熨斗整烫，可依个人喜好做出自己想要的立体设计。

16. 表布与后背布正面对正面车缝一圈，侧边留返口。

17. 从返口翻回正面后，四周压缝一圈固定线即完成。

达人小提醒：

在拼接中间区块的时候，要将缝份烫开。

How to make

P.19 勇敢女孩厨房·围裙

教学示范／王琼玲老师　文字／Magi
摄影／Milk　美术设计／宇柔

材料

本体用布135cm、口袋用图案布约20cm×20cm 2片、
口袋用里布（同本体用布）约22cm×20cm 2片、
扣子少许

做法

1. 将布对折(布的正面相对)，将纸型如图摆好(缝份另加1cm)。

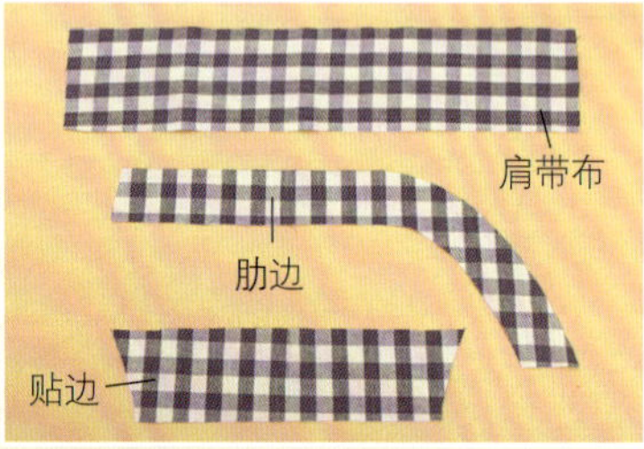

2. 裁好本体1片、肋边2片、贴边1片，肩带布10cm×65cm2片（已含缝份)。

> **达人小撇步：**
> 里布的两片尺寸不同，用意在于可将返口处置于中间，翻至正面后的四个角更加工整漂亮！

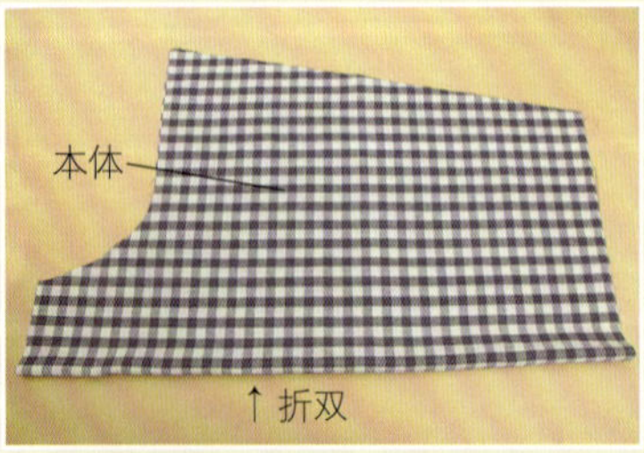

↓

口袋＆擦手巾

3. 裁口袋用的里布13cm×20cm、9cm×20cm(皆已含缝份)，如图布的正面相对，并将上方对齐，上方车缝固定(中间需留返口)。

4. 口袋布与步骤3的正面相对，如图将多余缝份修齐。

5. 车缝一圈，从步骤3预留的返口翻至正面，并整烫。

6. 擦手巾布用同步骤3～5方法完成。左上角依个人的缝纫机与扣子的尺寸开扣眼。

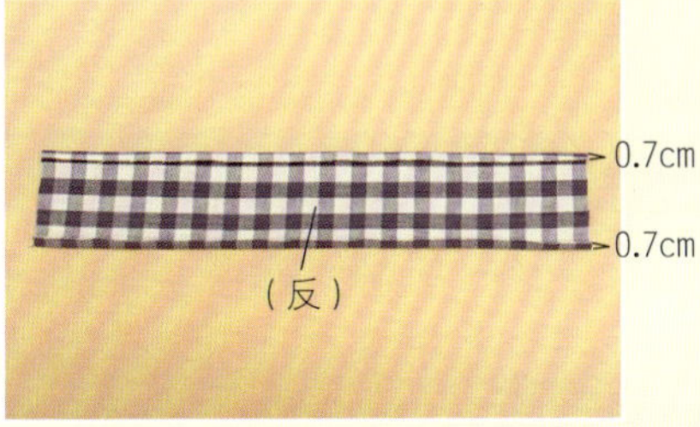

7. 肩带布的上、下侧往中心折0.7cm缝份。

8. 步骤7再对折(正面相对)，一侧如图车缝固定。

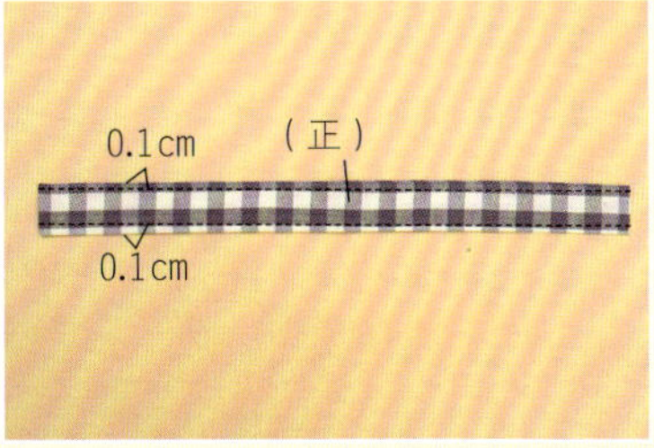

9. 翻至正面，上、下侧车缝2道固定线。另一条肩带布同方法完成。

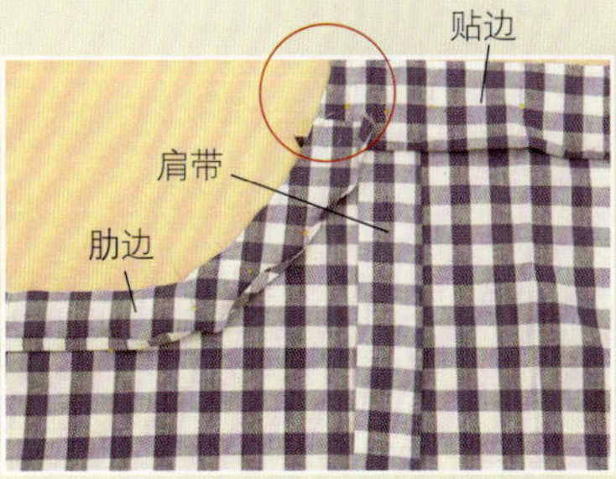

10. 本体布的正面朝上，放上贴边布(布的正面相对)，肩带布2条夹于中间用珠针固定。肋边布也用珠针固定再一并车缝固定。

11. 步骤10的○处翻至正面。

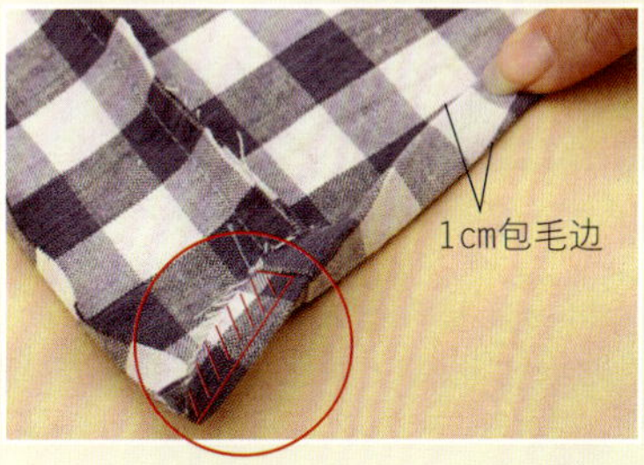

12. 翻回反面，本体的两侧边如图折2次1cm包毛边。

13. 贴边未缝合的缝份处往下折。

14. 本体的四周缝份都折2次1cm，车缝固定。

15. 将口袋车缝凵形固定，缝上扣子将擦手巾布扣上(请依个人高度的位置缝上)。

16. 围裙的后方依个人需求的宽度、高度位置开扣洞并缝上纽扣。

17. 完成。

达人小撇步：

步骤13的贴边往下折时与侧边的缝份会太厚，老师建议读者将重叠处剪下一小段(裁剪处请参考步骤12的○处)。

How to make
★★★

P.23 乡村慢活厨房·围裙

教学示范／石碧霞老师　文字／Milk
摄影／J.J.　美术设计／宇柔

材料

表布90cm、花布30cm、毛毡布3色各10cm×10cm、纽扣2颗、厚布衬30cm、薄布衬30cm、蕾丝360cm

做法

（尺寸皆含缝份）

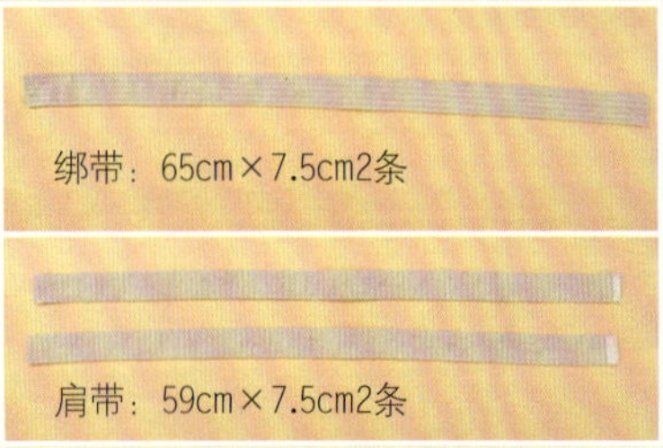

1. 将布对折车缝下侧、右侧固定，翻至正面四周边缘0.2cm处车固定线。绑带做法与肩带相同。

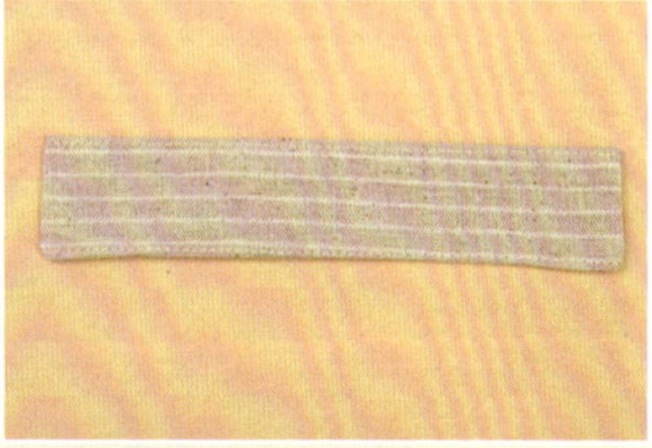

2. 肩带连接带：19.5cm×7.5cm1条，布对折后车缝两侧及上边，留返口。修剪缝份四角处成斜角状再翻至正面，缝合返口即完成连接带。

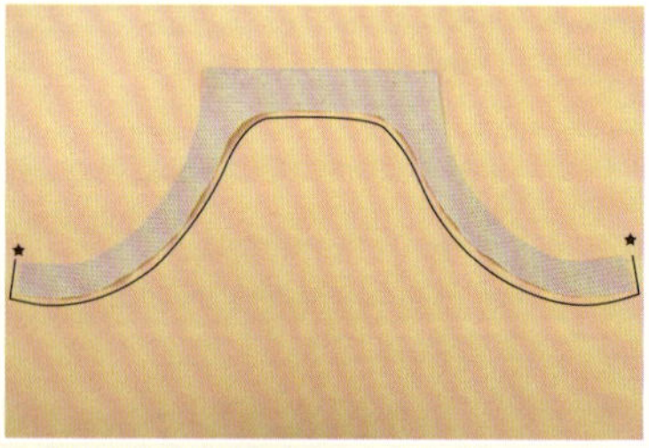

3. 贴边：依纸型裁下，背面烫薄布衬。如图★标示处拷克处理。

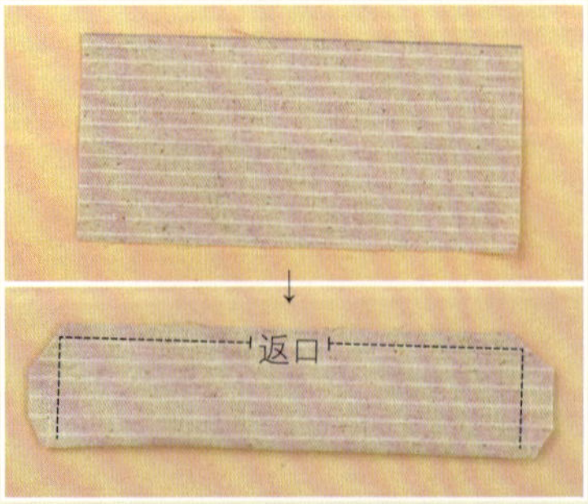

↓

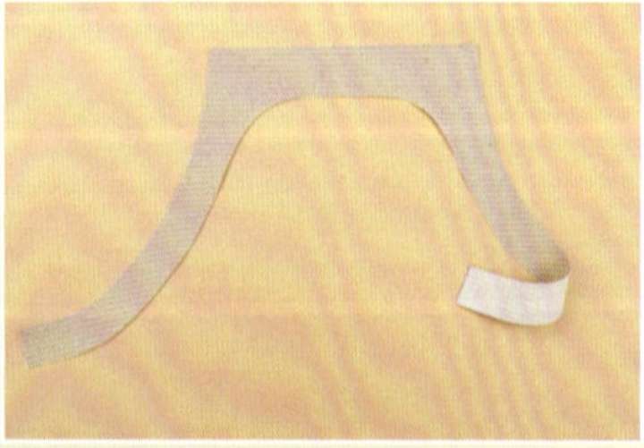

↓

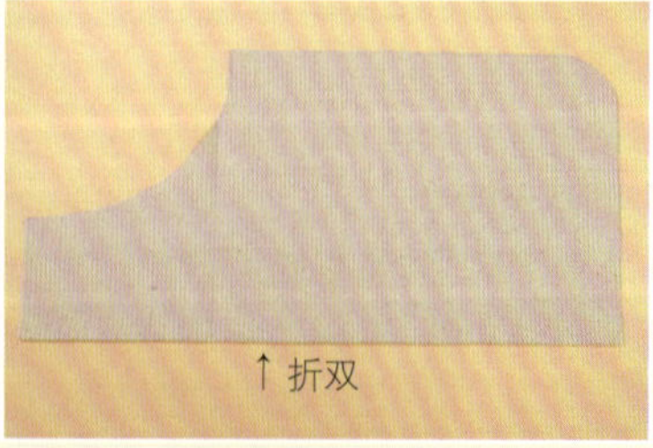

4. 表布依纸型裁好。

5. 蕾丝用大针脚缝并拉缩成与裙摆同长度。

6. 将蕾丝与裙摆正面对正面以珠针固定。

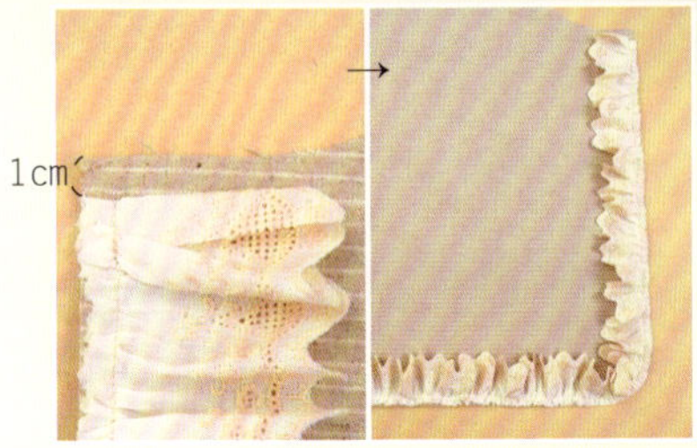

7. 记得尾端需留1cm缝份。将蕾丝车缝固定于裙摆后，布边拷克。

8. 正面车上装饰固定线，完成如图。

口袋制作

9. 依纸型裁下口袋布，表布及里布各2片。口袋的表布及里布背面各烫上厚布衬。

10. 口袋的表布与里布正面对正面车缝，侧边留返口，由返口翻回正面，缝合返口。如图于袋口处车固定线。

11. 制作苹果叶和梗：依纸型剪毛毡布，咖啡色做梗、绿色做叶片衬底、黄色做叶子。叶片用锯齿剪刀剪出边缘造型，叶脉用缝纫机压线。

12. 在表布上车缝上苹果梗和口袋。

13. 将蕾丝车缝于胸口处。

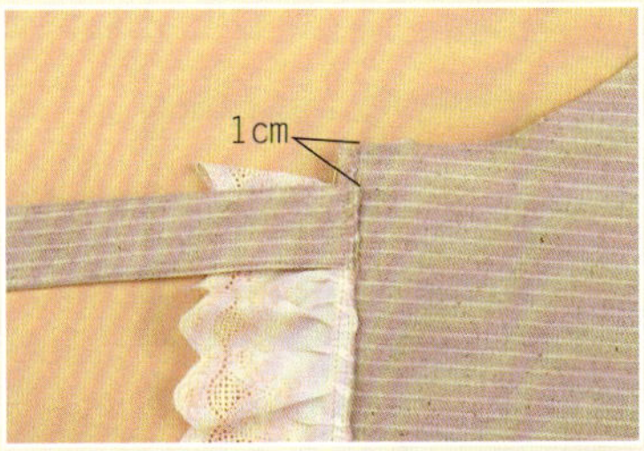

14. 先将绑带车缝固定，请如图接合于与蕾丝接缝的1cm缝份处。

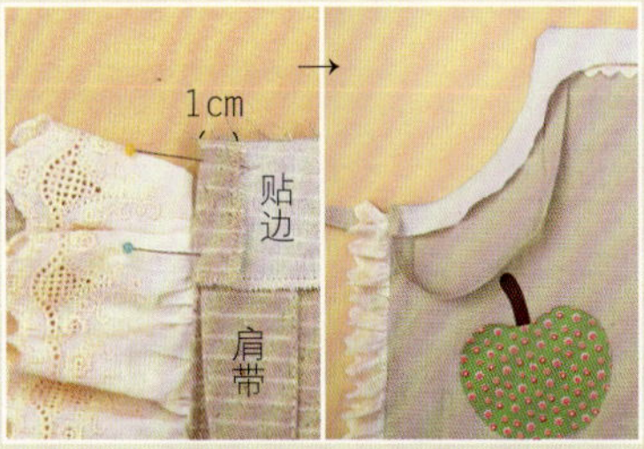

15. 将肩带、贴边与表布正面对正面以珠针固定，贴边两端需如图折入1cm缝份后车缝完成。

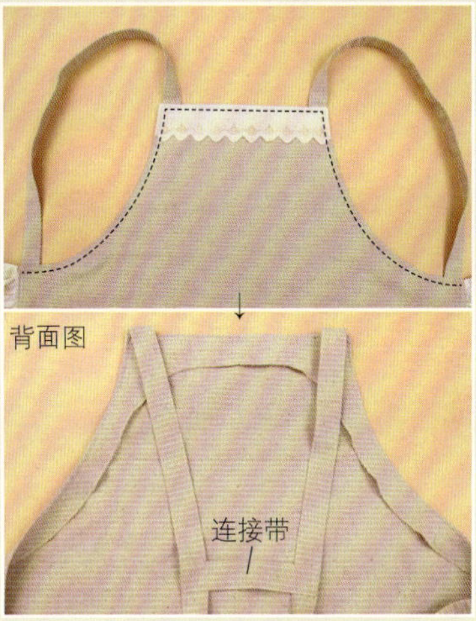

16. 贴边正面压一道固定线，翻至背面整烫完成如图，再于2条肩带取适当距离车上连接带。

17. 于口袋缝上苹果叶及装饰小扣子。

18. 可爱的围裙完成啰!

How to make

★★★★

P.36 我们的秘密花园·多夹层收纳包

教学示范 / 黛西老师　文字 / Milk
摄影 / J.J.　美术设计 / 宇柔

黄色系VS橘色系，都是女孩不能说的花园秘密。
读者也可自行制作背带，穿入挂耳当做外出使用的随身小包包喔！

材 料

咖啡素布、表布（2种）、里布、双面胶棉、衬、口金18cm1个、金属扣、皮带2cm×19cm1条、挂钩2只

（尺寸皆含缝份）

做 法

袋 盖

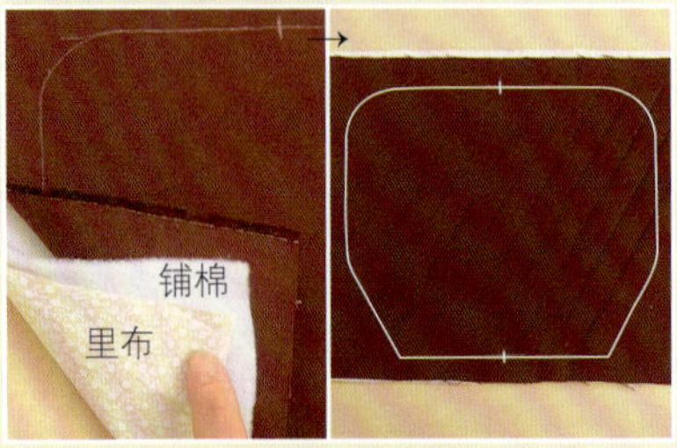

1. 表布＋铺棉＋里布三层车1.5cm斜线，依纸型画出袋盖部分裁下备用。

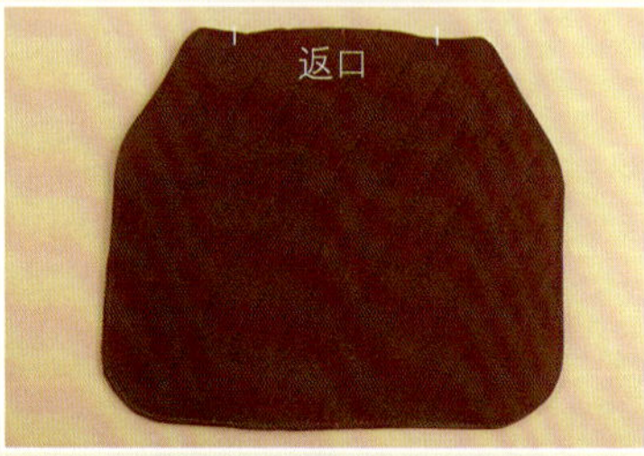

2. 另一片表布烫衬后，与步骤1正面对正面沿着布衬车缝，上方留返口，翻至正面。

3. 挂耳布3cm×7cm2片。于背面烫衬后，车缝两侧由下方翻回正面。

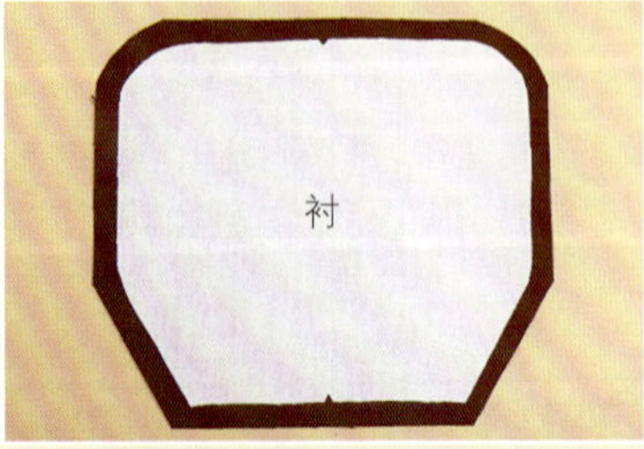

↓

挂 耳

↓

表 袋 身

4. 配色表布25.5cm×20cm＋铺棉＋里布。

5. 如图用水消笔画上挂耳位置。

6. 挂耳车缝上、下侧固定于表布。

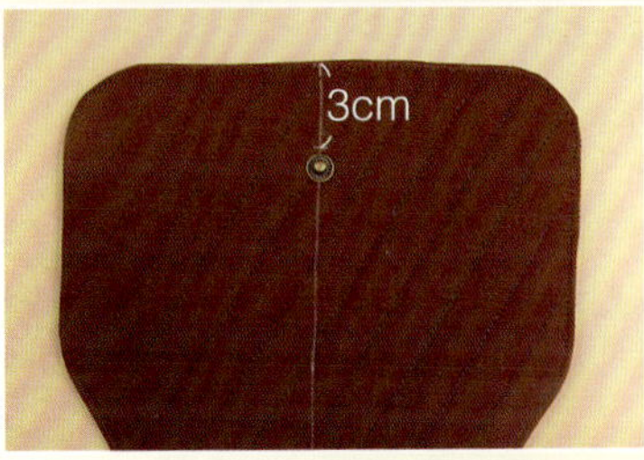

7. 画出袋盖的中心线，打上金属扣。

8. 裁皮带2cm×19cm1条，与袋盖一起夹车于袋盖上方两道固定线。

夹层

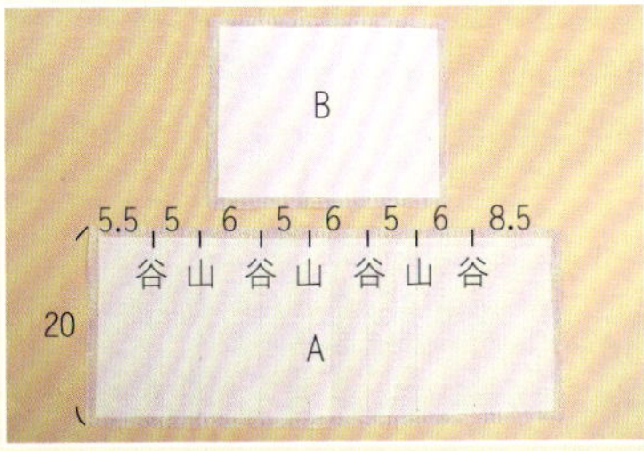

9. 卡片夹层布A49cm×20cm2片、布衬47cm×18cm2片。里布B25.5cm×20cm1片、布衬23.5cm×18cm1片。
卡片夹层布A请依图示画出折线示意的长度折出山谷。

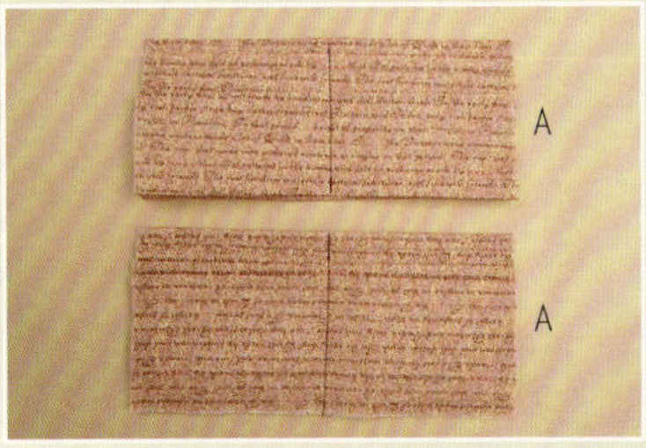

10. 依图示画出折线示意的长度折好夹层。车缝固定中心线，共完成2片。

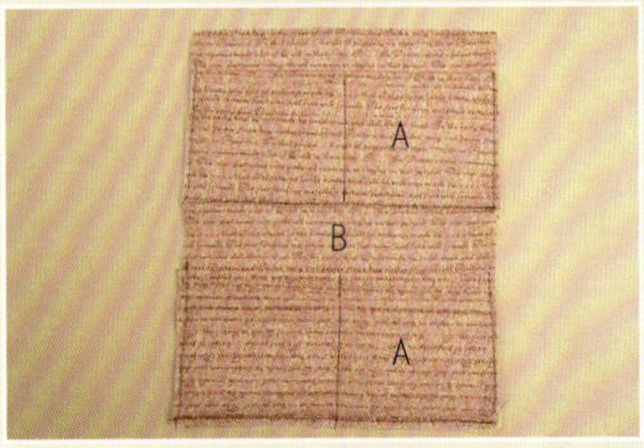

11. 将卡片夹层布A车缝固定于里布B。

口金

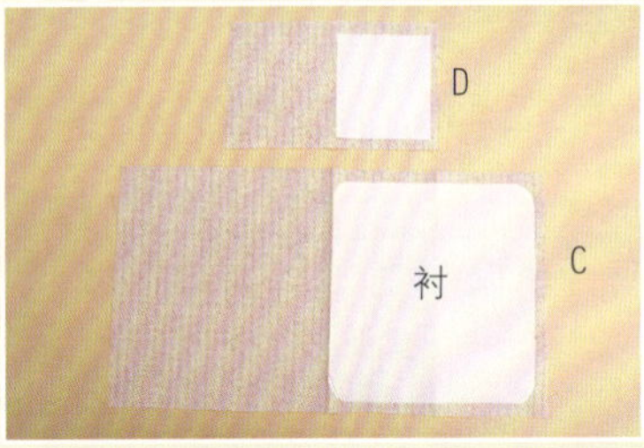

12. 口金表布C裁20cm×40cm1片、布衬18cm×18cm1片、口金侧布D 11cm×18cm2片、布衬8cm×9cm2片。如图将衬烫上。

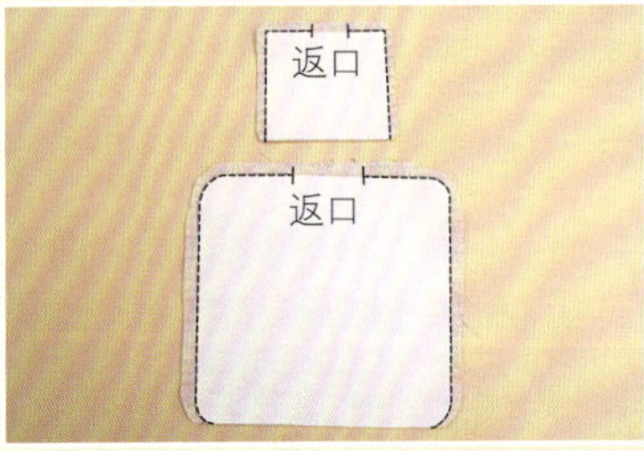

13. 口金表布对折(正面对正面)车缝一圈，上方留返口。侧布做法相同。

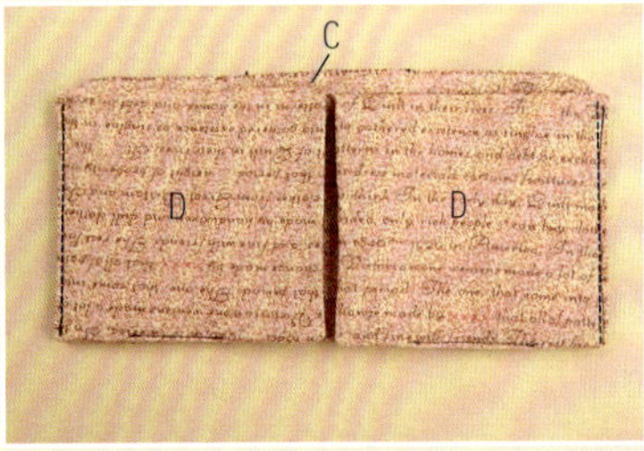

14. 将侧布D两侧车缝固定于口金表布C。

15. 将步骤11与步骤8正面对正面车缝ㄇ形。

16. 如图翻至正面。

17. 将步骤14用藏针缝方法固定于上方夹层。

18. 缝上口金。
※缝口金的示范教学请参考《巧手易》NO.43～46口金组曲单元。

19. 于皮带上打上金属扣即完成。

How to make
★★

P.30 梦幻糖果篮化妆包

教学示范 / 郭铃音老师　文字 / Milk
做法摄影 / J.J.　美术设计 / 宇柔

材料

表布36cm×23cm、内里布和双面胶棉36cm×23cm、包扣2.8cm(直径)4个、滚边条4cm×23cm、水滴拉链25cm1条、糖果配色布8色、篮子上装饰用蕾丝2.3cm×20cm、口布蝴蝶结1.5cm×25cm、羊毛毡配色少许、羊毛毡戳戳乐工具组

做法

依尺寸裁好布(尺寸皆已含缝份0.7cm)

制作糖果

1. 袋身A+B拼接好，放上依纸型剪，里布一片也剪好。

2. 里布反面烫好铺棉，表布拼接处放上蕾丝，表布+铺棉+里布三层一起压线固定。

3. 滚边完成。

4. 剪下方形布块1片、圆形布块1片。

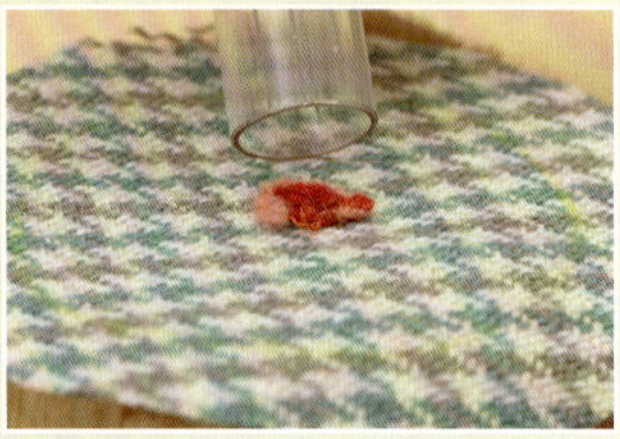

5. 刷子上方放圆形布片及用手绕成漩涡形的羊毛，用3根针戳刺固定。

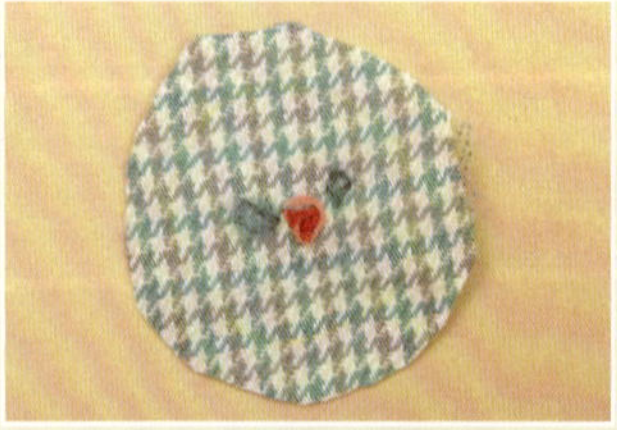

6. 修剪背面的羊毛后即完成。

7. 剪长方形布块5cm×5cm，两侧往中心折再往下方对折。

8. 步骤6与包扣缩缝。

9. 步骤7完成2片，与步骤8藏针缝合。

10. 把糖果缝在表布上面做装饰。

11. 与糖果做法相同，背面缩缝完成另一颗包扣后，与正面糖果藏针缝合，再包住水滴拉链头缝好。

12. 表袋两侧卷针缝合，袋口缝上拉链，中心再缝上蕾丝蝴蝶结即完成。

How to make

★★

P.8 龙呆造型贴布缝

教学示范／林诗龄老师、王美芳老师
文字／Milk　做法摄影／J.J.　美术设计／宇柔

材料

请依个人喜好的配色准备布料

做法

1. 依纸型剪下龙呆的每一个部分（贴布部分缝份为0.3cm，边缘部分缝份为1cm）。

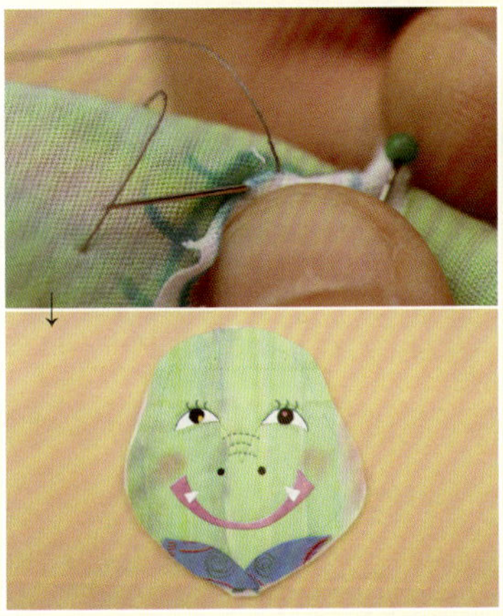

2. 面部描好五官线条后，依前后顺序用贴布缝方法（隐藏针法）逐一贴上（脚部除外）。眼线用25号绣线做轮廓绣，眉毛用平针绣。

3. 步骤1剪下的各部位，2片正面相对与铺棉一起车缝再剪下，翻至正面备用（肩膀部分不需铺棉，2片正面相对车缝再剪下，翻至正面塞棉花即可）。

裤子与脚的制作

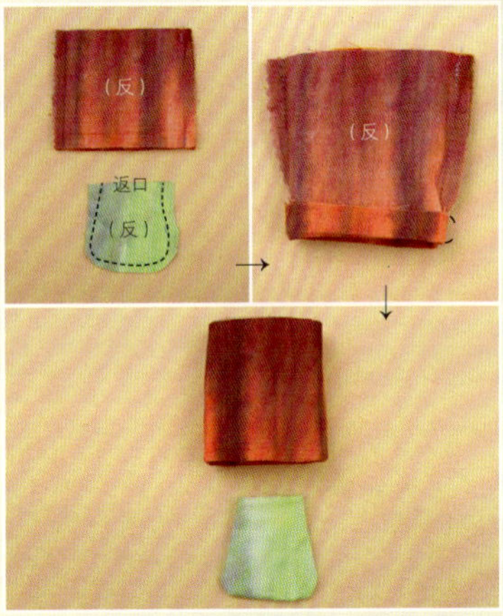

4. 裤子与脚各2片裁好，裤子车缝两侧、脚沿线车缝，留上方返口。裤子如图往内折1cm后，翻至正面。

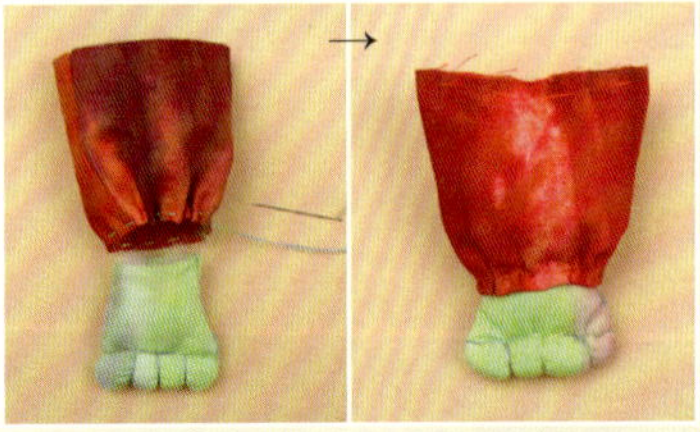

5. 脚的里面放入一点棉，放在裤脚内，脚掌部分以回针绣做出造型，裤脚上下同宽，如图以平针缩缝。裤管上方也平针缝合。

组合

6. 如图将各部位做好，并裁下背面的头部及身体。龙角、耳、领子为1组，肩膀、下身、脚为1组，各自与背面夹车。

7. 再将手塞入棉花后，缝入袖子内组合。

8. 衣服的扣子绣上结粒绣装饰，领口部分折下，以立针缝方式与上半部组合。

9. 头发用25号绣线或其他同样粗的毛线绑成一束后固定于头顶，涂上腮红，即完成新年味十足的龙呆造型。

资料来源、文字撰写提供 / 谢映伊老师
文字整理 / Anhouse　美术设计 / Maddy　绘图协助 / 马达

布伊坊　谢映伊老师

日本文化女子大学研究所毕业，专攻服装社会学，研究拼布与社会关系。我和很多女生一样从小就喜欢做手工艺品，缝缝补补，接触拼布已有十多年，因为好奇心，喜欢追根究底，读过服装史、艺术史，所以也想了解拼布的发展史，于是辞掉服装企划的工作，重回母校的研究所，针对拼布发展做更进一步的研究。具有日本手艺普及协会指导员资格，现在师事拼布作家小关铃子老师。

Lesson-1 拼布是这样开始的……

从历史看拼布

说起“拼布”大部分的人都会联想到美国拼布。的确，拼布可以说是在美国被发扬光大的一种传统艺术，但是从历史的角度来看，其实并不只有美国才有拼布这种“用品”，其他国家也留有类似拼布的记载。

▲各国出版的部分拼布杂志

早在公元前200多年的西藏棉袄、公元12世纪十字军以及伊斯兰教士兵盔甲里面的衬衣、公元16世纪法国人所使用的衬裙（petticoat)以及印度的袈裟、日本的“继接”(tsugihagi)，等等，作为生活用品一部分的拼布用品早就存在于世界各地，只是它的名称各不相同。而古代中国没有类似拼布这样精美的东西，是因为纺织业发达，许多蚕丝及棉布料品通过丝绸之路外销到西方去，因此在布料并不缺乏的情况下自然不需要利用拼接布料来制作成衣物等生活用品。当然，如果说完全没有也不尽然，像贫穷人的衣服补丁或是演变到后来的百衲衣或百衲被等也勉强算是其中之一吧！

▲熊掌图形(Bear's Paw)

由于现在大家对拼布的印象大多只是停留在“装饰品”，而且近年来许多的拼布书籍和杂志，大多数是介绍拼布的版型、图形或以做法为主要内容，到目前为止对于拼布研究也都是以壁饰、布花和色彩等制作的部分为主要的研究内容，绝少有针对拼布如何在美国被发展起来的深入研究；在此，让我们来探索拼布如何在美国被发展成为传统艺术的过程以及其原因吧！

19世纪是美国拼布的全盛时期，因为受到当时社会人文发展的影响，拼布发展成不再只是装饰品，由于女权运动的兴起，女性的角色和想法的改变在美国社会新社群的形成中扮演了一个相当重要的角色。而拼布对新社群的形成有什么样的关联呢？这是因为在拼布的制作过程中会有许多的图形与技法，这些图形所代表的“信息”或多或少都直接或间接影响了美国社会的运作与扮演的角色，这篇文章的目的就是想让大家了解其中的缘由。

一直以来拼布的保温功能在美国社会里是相当受重视的，换句话说早期的拼布是以实用性为主要目的而被制作出来的。但是到了19世纪时期，随着美国社会因为领土的扩大和工业革命的影响，在人民生活逐渐富裕起来的同时，受到了“南农北工”这种因地域产业的不同而造成的南北对立，以及针对“黑奴”人权的争议等种种的问题，最后引发了南北战争。在媒体传播业还不是很发达的时代里，拼布图形所代表的“信息”在当时的社会里，则被运用成一种具有广大影响力的宣道手段，类似这样的拼布与社会的关联性很值得我们去关注及了解。

▲小木屋图形(Log Cabin)

世界上现存的最古老拼布床罩是14世纪时制作的西西里(Sicilia)拼布，也就是意大利拼布(Italian Quilt)，现在珍藏于伦敦的维多利亚与阿尔伯特(Victoria and Albert)博物馆里。

▲ 万花筒图形1
(Kaleidoscope)
基本9片拼接。

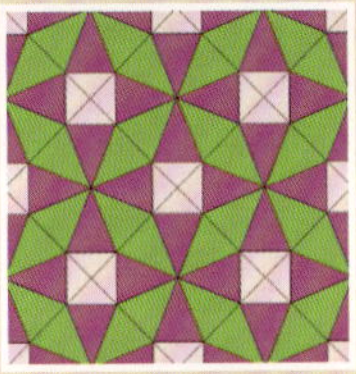

▲ 万花筒图形2
经拼接方向不同，
呈现也不同。

什么是“拼布被”？

在说明什么是“拼布被”之前，先来看看“拼布被”原文字面的意思。其实拼布(patchwork)和被子(quilts)原本是两种不同的物品，早期从英国移民到美国的新住民们将这两种物品结合起来，因此产生了目前所谓的“拼布被”(patchwork quilt)。

原本拼布（patchwork）是将各式各样的颜色、形状、大小、花色不同的布料一片片地缝合、变化成各种尺寸和设计的手工艺品，例如摆饰品、床罩、壁饰等代表性的物品，正因如此所谓的拼布(patchwork)其实就是利用小块布拼接作业的意思。

无论是拼布(patchwork)或者“拼布被”(patchwork quilt)、被子(quilts)等用品，在美国都可被简称为被子(quilts)，但是这种所谓的被子(quilts)在传到美国之前的欧洲，并没有利用小布块的拼接，而只是用一整块布料直接压线而成。

什么是“压线”及“压缝”？

压线（quilt）是将表布、铺棉、里布三层重叠缝合在一起的做法。为了要固定这种三层的构成，所以必须在表面画上图案，然后以平针缝为主要的压缝装饰线来表现作品的技法与技法运用的一种方式。至于压缝（quilting）技巧的说法是由拉丁文的(CULCITA)“靠枕”而来的，这种说法起源于古埃及，而在北美通常对所有压缝床罩的物品都称为“拼布被”(patchwork quilt)。

“拼布”(patchwork)简单说，就如同前面解释过的是将大大小小各式各样颜色、花色不同的布料一片片拼接缝合起来，形成像是马赛克一样的一整片大布块，它的好处是可以变化成各种尺寸和样式设计的手工艺品，事实上“patch”也就是拼接的意思，由于拼布的起源可以追溯到古老的埃及、印度、中国以及欧洲各地，这种把大小形状不一的布块拼接成一大块布来使用的想法，相当符合现代资源再利用的做法，于是近年来又重新受到各方的青睐。

▲ 作品提供／谢映伊老师

▲ 模拟1850年代左右的传统新娘服图。

◄ 模拟1888年法国女性穿着拼布裙图。

如图所示，“压线”（quilt）或“压缝”（quilting）是在2片布的中间塞一些棉花或是羽毛后缝合，然后在表面缝上装饰线，让图样呈现出浮雕效果的表现技法，或者是只利用单纯压线的素压表现方式。早期素压是在蒙古高原上为了防寒而发展出来的，从公元前200年左右开始在中国的西藏等地都有被使用的记录。另外在12世纪十字军东征的时候，伊斯兰教士兵为了防止盔甲的滑动，会在盔甲里面穿上有压线工法做的合身上衣，于是这种压线制品便被十字军带回欧洲各国，成为一种流行而被广泛使用，到了16世纪的时候则成为欧洲人爱用的生活用品。而且因为它具有很好的保温效果，与刺绣的技术结合在一起让衣服或是室内的装饰变得更为丰富，于是在欧洲各国都有独特的压线图案被设计出来。从17世纪跨越到18世纪的这段期间，特别是男性的上衣以及女性所穿着的衬裙会刻意在裙子的前面采取开衩的设计以便露出内部精致美丽的压线图案。

尤其是英格兰北部(North Country)和南威尔士(South Wales)等地，主要是以素压线发展出非常多赏心悦目的图案设计。在18世纪的时候便逐渐发展成为令人赞赏的壁饰等艺术品，而这样的演变也在室内装饰发展史上占有一席之地。到了19世纪的时候， 由于拼布的技术在当时手艺领域里算是达到最高峰，于是被广泛地运用在床罩方面的设计，这也是因为它具有相当好的保温效果以及可以增添卧室里色彩。

然而，受到新布料开发的影响，从19世纪末期到20世纪初期的这段时间，新创作的作品里都还残留有前一世纪的风格及印象，而没有积极创新及突破，导致拼布的发展慢慢沉寂下去。直到1940年左右才因为开始提倡新布料的拼接方式，使得拼布又得以在现代的社会里复活起来。

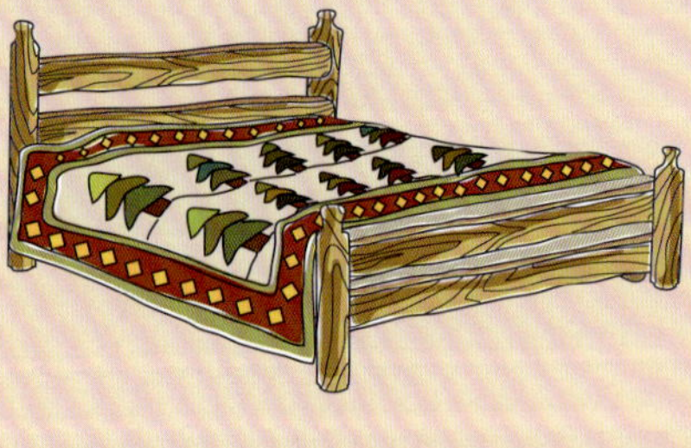

▲ 模拟19世纪四柱式德州发现的拼布被图。

与欧洲的上流社会所流行的欣赏用拼布大不相同，在传到美国初期的时候，主要是因为布料相当珍贵而稀少，因此不管是多小的布块都会很珍惜的把它们拼接起来，以便能够做成床罩或是保暖的生活用品，于是美式拼布就自然而然地被开发出来。在度过漫长的棉花种植

▲ 婴儿拼布　作品提供 / MINA

受到严格管制的殖民地时代，美国在1775年开始与英国殖民政府展开长达近八年的独立战争，终究得到最后胜利而完成独立建国的美梦。然而在刚完成独立的美国，其实是处于连一点布料都不能浪费的物资的极度缺乏时期，因此拼布更是被广泛地利用在日常生活当中。

直到美国在1776年公开独立宣言的时候为止，布料主要是靠移民们自行携带而来的，也有一部分是仰赖进口。到了18世纪末期时，由于发明了可以将棉花和棉籽分类的机器，所以19世纪的前半期美国终于拥有大量生产印花棉布(calico：布有上浆，表面有光泽的布料)的能力，使得棉布达到了自给自足的境地。也就是在那个时期之后，有别于欧洲拼布的固有发展，各式各样印染花纹棉布源源不断地被设计开发出来，让拼布制作者可以随心所欲不受布料的限制制作拼布，使得独创式的美国拼布风格得以正式的诞生。

拼布是美国具有代表性的工艺品之一，也可以说是发展的最好的国家。近年来日本拼布界发展得相当有声有色，虽然日本从很久以前就有类似拼接的“tugihagi”做法，但仅运用在服饰方面，并没有利用在艺术创作方面，后来在第二次世界大战之后才因为手艺作家们巧手的努力之下才成为目前所流行的日本式拼布的风格。

本来，拼布和压线是两个不同的东西，但是在美国它被归类为同一种，也因为在美国和日本出版的拼布书籍或杂志也多将“patchwork”和“quilt”单独使用，不管是哪一个单词在台湾都是指“拼布”这个词。

其实拼布的种类很多，例如艾米许拼布（Amish Quilt）、纪念拼布（Album Quilt）、意大利拼布（Italian Quilt）、英国拼布（English Paper Patchwork）、声波拼布（Echo Quilt)、婴儿拼布（Crib Quilt. Baby Quilt）、疯狂拼布（Crazy Quilt）、样式拼布（Simple Quilt）、夏威夷拼布（Hawaiian Quilt）、白色拼布（White Quilt），等等，这些都统称为拼布，只是因为技法、种类和用途的不同于是就有不同的称呼，我们将在下一期为大家说明介绍。

▲ 样式拼布　作品提供 / 布能布玩拼布生活工坊高雄店提供

资料参考书目

パッチワーク通信社(1998)フランスファッションキルト展

服装文化协会编（1976）『服装大百科事典』文化出版局

小林恵(1983)『アメリカンパッチワークキルト事典』文化出版局

『パッチワークキルト大事典』（1998）パッチワーク通信社

小林恵(1998)『キルトへの招待―暮らしを彩る手作りア―トの世界』PHP研究所

共立女子大学所蔵アメリカン　アンティークキルトコレクション編集委員会

編　共立女子大学所蔵アメリカン　アンティークキルトコレクション（1992）

日本ヴォーグ社

小林恵『ザ　キルト―シェルバーン美术馆コレクション』学习研究社

＊以上所使用的参考资料来源是由日本文化学园大学图书馆所提供。

高雄针车店

1楼专营各种品牌缝纫机

2楼彩绘、纸艺拼贴素材商品专区

好 × 车 布

台中展览厅

专业硬件设备与空间

衬托您精致作品，使其成为最佳主角

首翊&手艺出版

名师著书系列

翻译书系列

隆德集团 **隆德贸易有限公司** 总公司／台中市北屯区河北西街 71 号／(886-4)2247-7711

台中河北店／台中市北屯区河北西街 77 号／(886-4)2245-0079　台北南京店／台北市南京东路一段 52 号 6 楼／(886-2)2511-2809

高雄复兴店／高雄市苓雅区复兴二路 25-5 号／(886-7)537-7198　高雄针车店／高雄市苓雅区复兴二路 25-4 号／(886-7)537-0277

首翊股份有限公司／台北市南京东路一段 52 号 6 楼／(886-2)2523-0069

布能布玩拼布生活工坊 www.patchworklife.com.tw

首翊 & 手艺 www.handmade-tw.com

布能布玩 Sew la vie 拼布生活工坊

好日玫瑰随身小包

刺绣布

协助教学、图案提供 /
户塚刺绣协会台北支部 福本晓代老师
做法示范 / 林琦瑜小姐
作品欣赏提供 / 黄玲瑜老师
情境摄影 / Akira　教学摄影 / Bobi
情境文字 / 璟安　做法文字 / Magi
美术设计 / 月椿
内附图案

HOW TO MAKE　随身小包折法

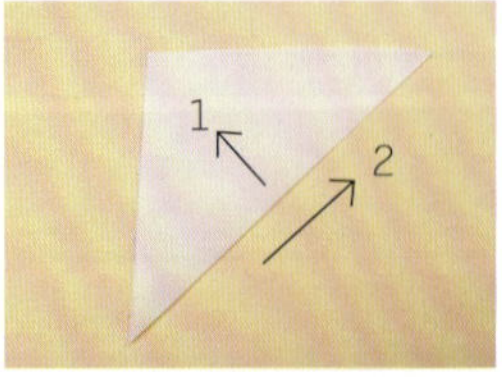

a 准备24cm×24cm的纸，如图往左侧折再往右侧折，找出中心点。

b 如图将右下角往中心点折。

c 除了上方之外，其他同步骤b折好。

d 上方再如图往下折对齐边。

e 将图案描上即可。
※描图方法请参考《巧手易47》示范。

使用段染绣线绣同样的几种绣法，又有不同的氛围。

玫瑰花瓣（纽扣绣+轮廓绣）

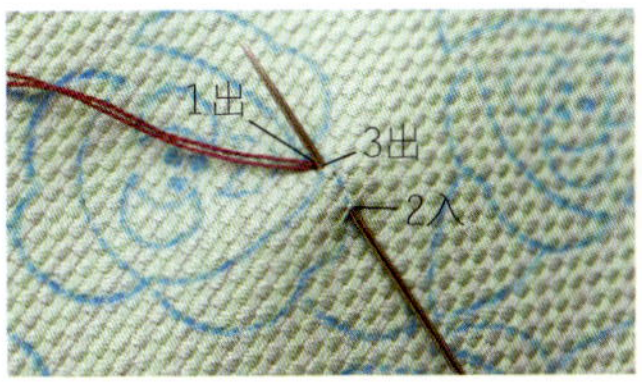

1 将布装于框内，针从图案外侧起针穿入框，再从欲刺绣的图案处穿出(1出与3出相同位置)。

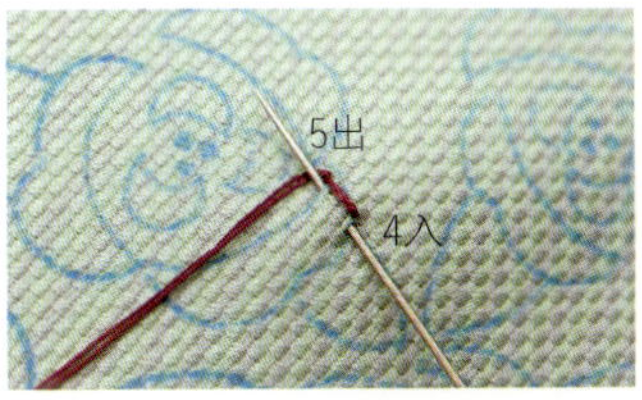

2 4入→5出，绣线需放在针的下方。

3 重复步骤2将其绣满，最后1针如图绣入。

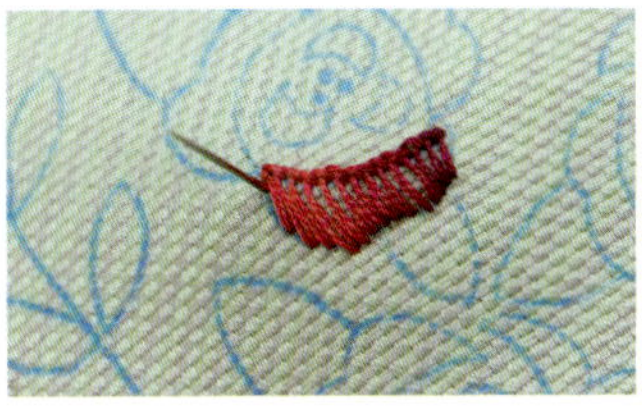

4 再从旁边处的记号线绣出。

5 轮廓绣法，2入→3出。

6 一边沿着已绣好的周边记号线，一边轮廓绣。

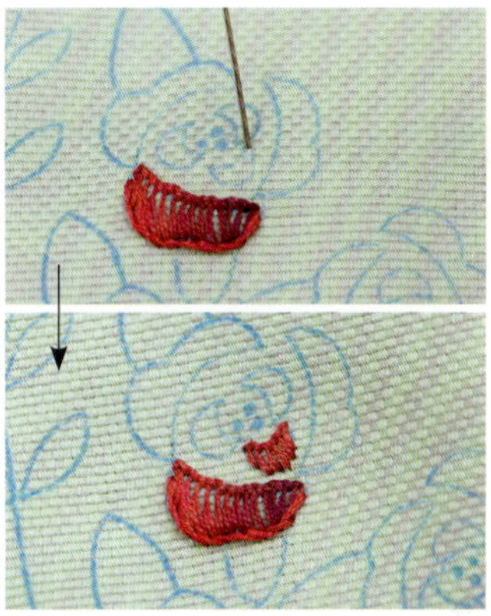

7 完成一片花瓣（其他花瓣用相同方法完成）。

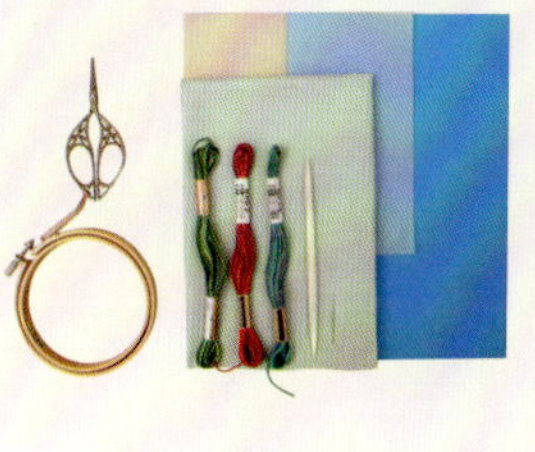

材料

刺绣框(直径10cm)
布、剪刀、刺绣针、铁笔或骨笔、描图纸、转印纸、塑料袋
绣线COSMO：8062、272
COSMO-Seasons8079、8024

叶子1（锁链绣＋直线绣）

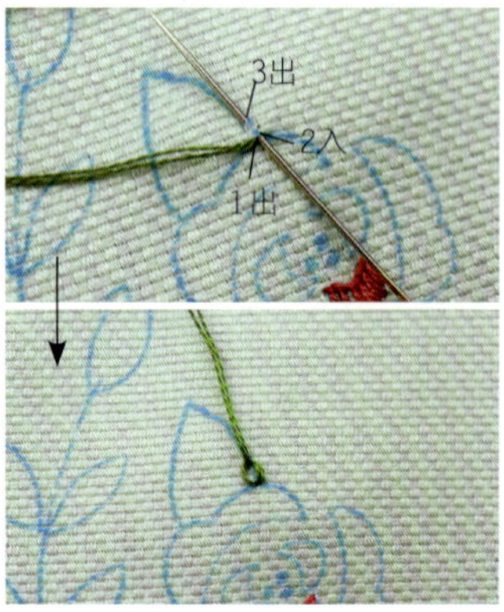

1 1出，2入→3出，将线绕于针下方，针穿出并拉线。

2 重复步骤1绣完一侧。

3 穿出针重复步骤1方法绣完另一侧。如图在锁链绣的旁边穿出针准备绣直线绣。

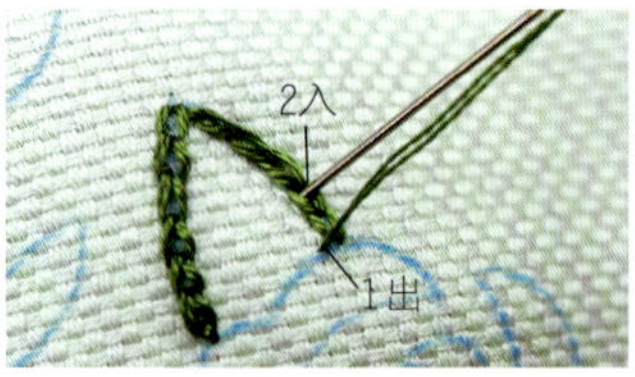

4 于第2个锁链绣的洞内穿入针。

5 第2针穿入第3个锁链绣的洞内，重复此方法完成。

叶子2（叶形绣）

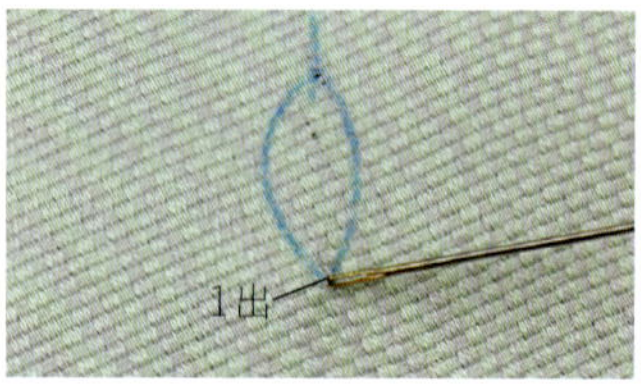

1 1出→正前方穿入。

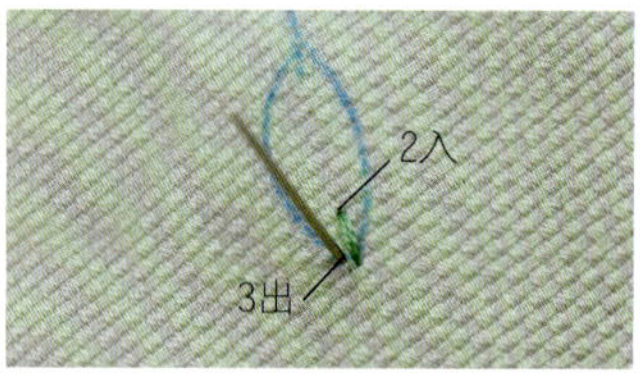

2 如图从左侧3出。

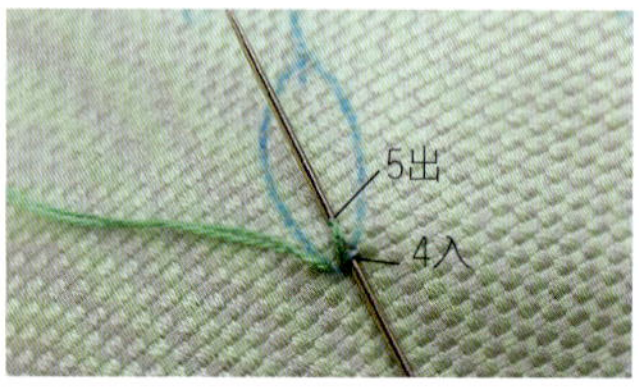

3 右侧4入→于2入之处将线置于针下方后5出。

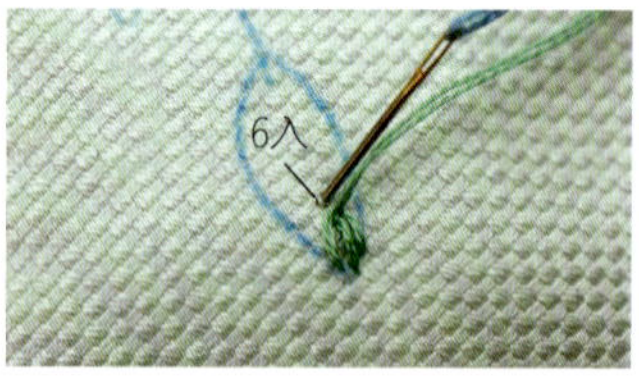

4 中心处6入。

5 重复步骤2～4，最后1针如图绣入。

6 叶梗轮廓绣完成。

法国结粒绣

1 穿出针，线绕于针上2次。

2 于原出针处再穿入针（要穿入针时，需拉好线不要让线松弛）。

3 同方法完成其他的法国结粒绣。

完成

作品欣赏
去年圣诞节的甜蜜，
还在心里牢牢记着，
今年的我们，会更幸福的。

猫头鹰相机包

完成尺寸：约 9cm×6cm×3cm ■内附原尺寸图

女儿前几天不小心把家中的相机皮套弄坏了，那台小小的傻瓜相机，是我们全家的好伙伴，因为有录像功能，所以常常随手拿来记录居家生活趣事。相机收纳的皮套坏了，女儿很懊恼地对我说抱歉，我马上回答说，嘿嘿，这刚好就是让我用拼布做相机包的好机会啦！

构思相机包的做法时，顺便“解剖”一下坏掉的皮套，发现它里头藏了两个扁扁的圆形小磁铁，吸力还蛮强的，噢，原来当初它就是靠磁力吸住盖子的！赶紧把这有趣的东西保留下来，我的拼布相机包可以继续沿用这个方便的设计。至于相机包上头要拼贴什么图案呢？就用猫头鹰吧！它圆圆大大的眼睛，很像相机的镜头，这只肚子里有着花花世界的猫头鹰，真的胖得好呆喔！

作品设计、摄影、文字提供／Ann　美术设计／陈启予

{ How to make }

1 依照纸型拼贴猫头鹰图案，以咖啡色绣线在脸部用毛边绣装饰，再绣上耳朵和脚。以深咖啡色耐水性颜料画上眼睛和嘴。

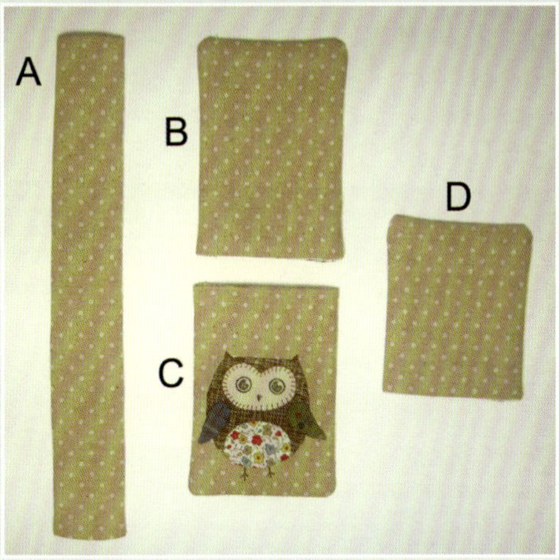

2 依照纸型制作A、B、C、D四片。做法均为表布与里布正面相对，加上棉衬，车缝三边，留一边不缝，翻至正面。将A缝合返口，B、C、D暂时先不用缝合返口。

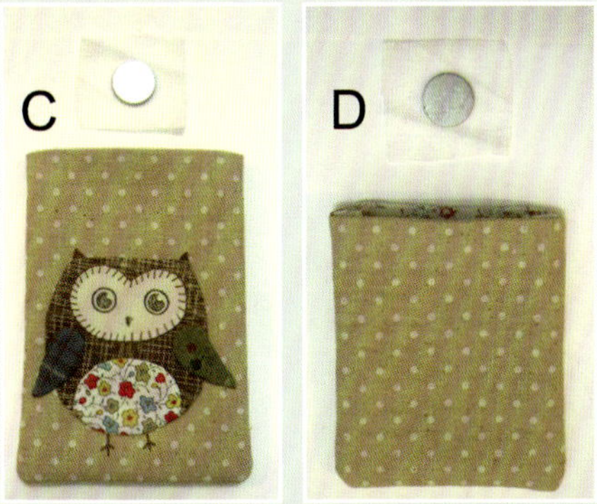

3 在C片与D片内部，各将磁铁及布衬一起放入，用熨斗将布衬烫过，磁铁即可固定在内部。注意磁铁正反极，相机包完成后，C片会盖在D片正上方。

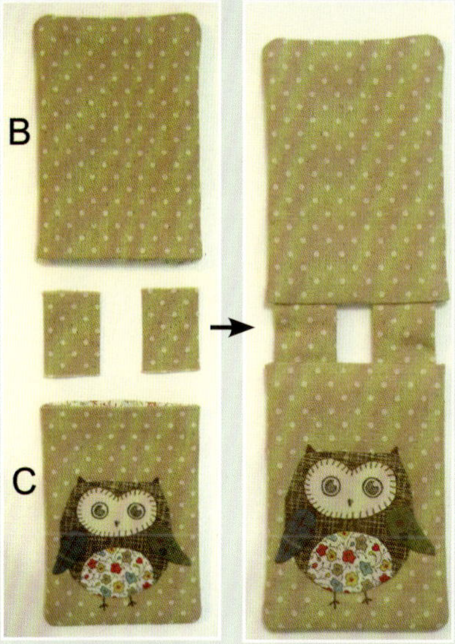

4 将B片与C片返口对齐，加上2.5cm×2.5cm(缝份外加)的布条，以藏针缝合布条及返口。

5 将A片与D片由里侧以卷针缝缝合，再加上B片＋A片卷针缝缝合。

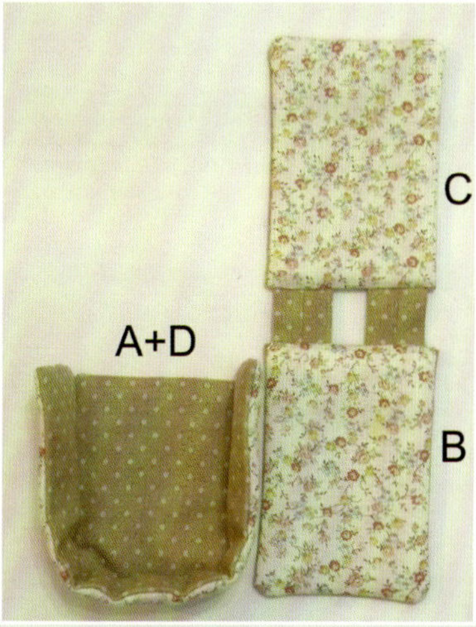

6 翻至正面，缝上蕾丝带装饰，即完成相机包。

●完成尺寸：约30cm x 29cm

小熊上学袋

将喜爱的动物们贴绣在包包上吧!
拎着可爱的袋子，心情也跟着雀跃起来。
小熊、兔子、鱼儿还在屋外玩绕圈圈，
当!当!当!钟声响了，上学时间到啰!

作品设计、示范教学 / 陈莉雯老师
情境摄影 / C.CH　教学摄影 / J.J
文字 / Anhouse　美术设计 / Maddy

●内附原尺寸图
※本作品图案参考自大桥好子设计。

材料

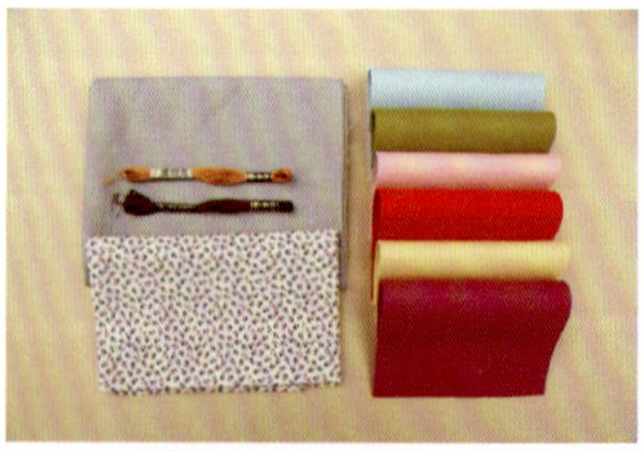

- HOBBYRA　HOBBYRE 各色羊毛布
- HOBBYRA　HOBBYRE 素麻布（表布、提手）约90cm×50cm
- HOBBYRA　HOBBYRE 里布约90cm×50cm
- DMC绣线NO.838、NO.976
- 厚布衬

How to make

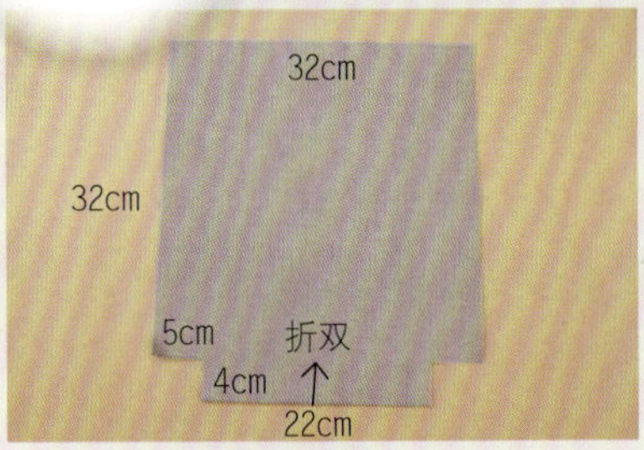

1. 如图标示尺寸裁好表布。

2. 在羊毛布上描好图案，剪下动物造型后，依个人喜好排列于表袋上。

3. 以贴布缝方法缝上图案，其他线条部分做刺绣装饰。

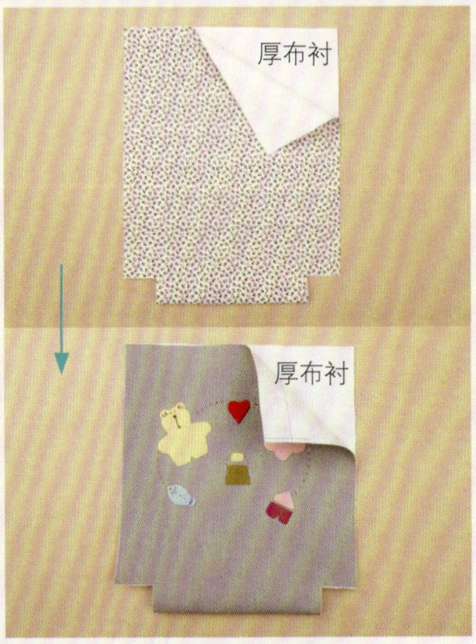

4. 与表布相同做法将里布裁好，表布及里布的反面都要烫上厚布衬。

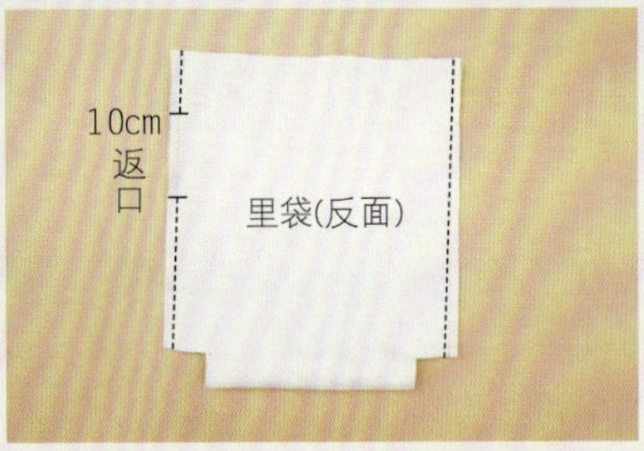

5. 将表袋对折后，于两侧车缝固定线，里袋相同做法完成，于里袋内侧预留10cm返口。

6. 车缝袋底。

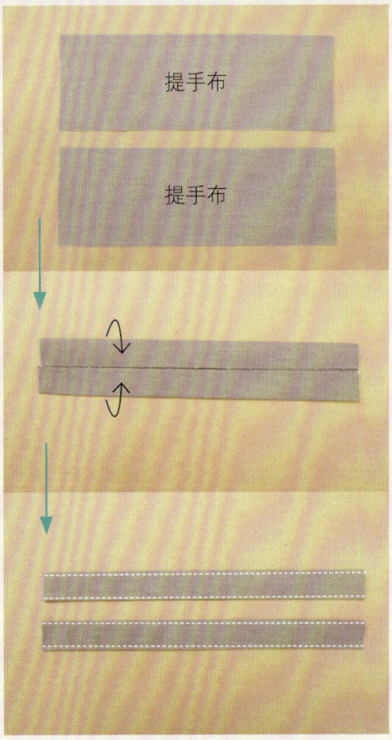

7. 裁提手布35cm×12cm2片，上、下往内折后再对折，车上装饰线后完成2条。

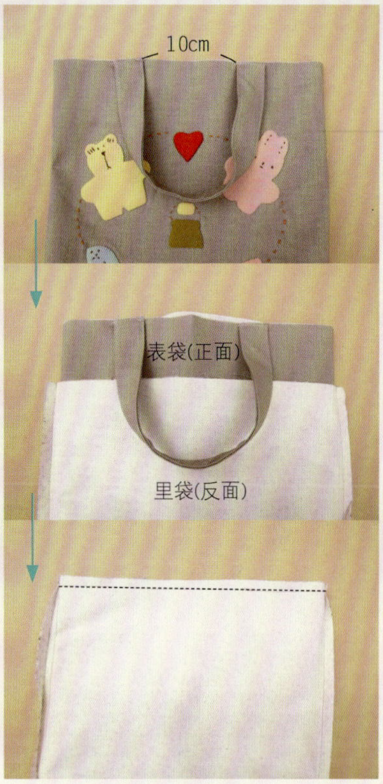

8. 先将提手固定于表袋袋口，套入里袋（正面对正面）车缝袋口一圈，再从里袋内侧预留的返口处翻至正面，袋口压缝一道装饰线。

9. 完成。

NEW！新登场

For 初级生
1小时完成的拼布小物
Simple 1

带着想象力飞吧！

天马行空随身面纸包

猫头鹰机长报告：
今天天气晴，万里无云。
是个适合飞行的凉爽天气，
祝您有个美好愉快的旅行！

作品设计、示范教学／陈玉金老师
情境摄影／詹建华　教学摄影／J.J
文字／Anhouse　美术设计／李大人

本期作品选用可爱的Nancy Wolff设计系列的飞机图案布制作，因为面纸包隔层有方向性的问题，所以读者必须照着示范方向折布，飞机才能乖乖地排排站好喔！

●完成尺寸：约13cm x 10cm

材料

- 表布15cm×104cm1片
- 衬15cm×104cm1片
- 金属扣1组

HOW TO MAKE

正面折布图

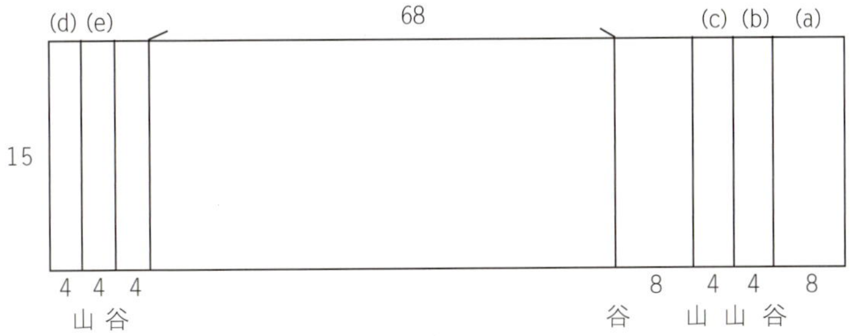

1 表布15cm×104cm1片(已含缝份1cm)，反面烫衬。

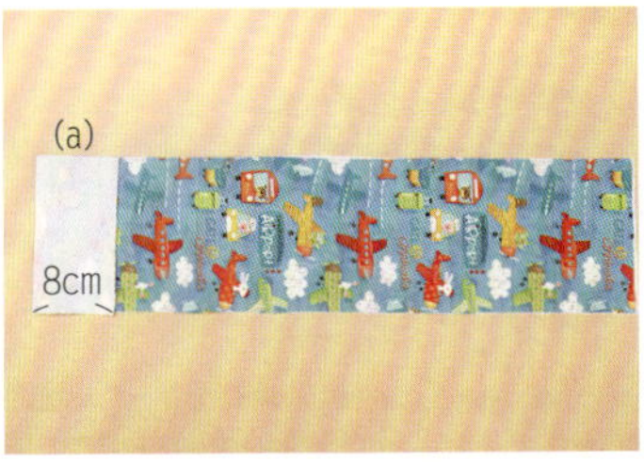

2 如图从左边开始折，折入8cm(a)。

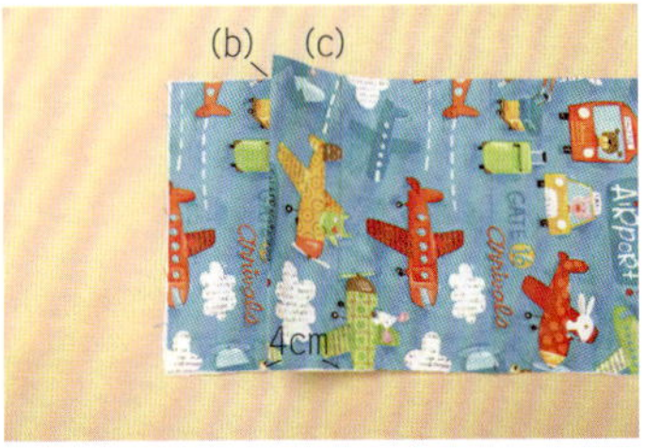

3 再折入4cm(b)。

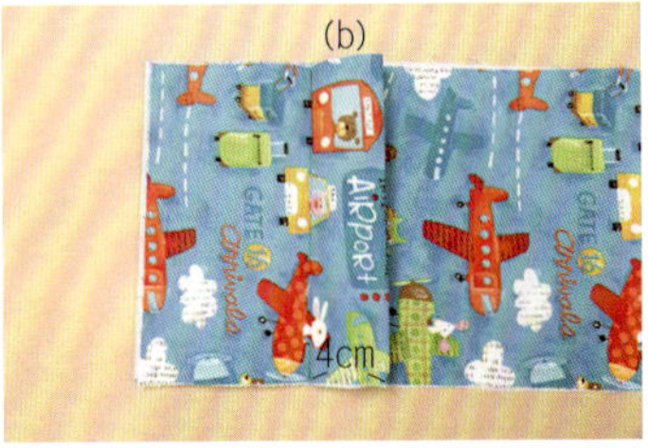

4 (b)与(c)的中线立起。

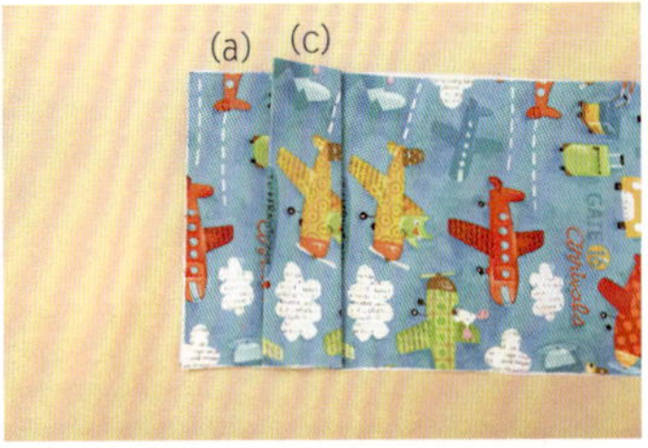

5 使(c)倒向(a)。

6 另一侧折4cm(d)。

7 倒向(e)。

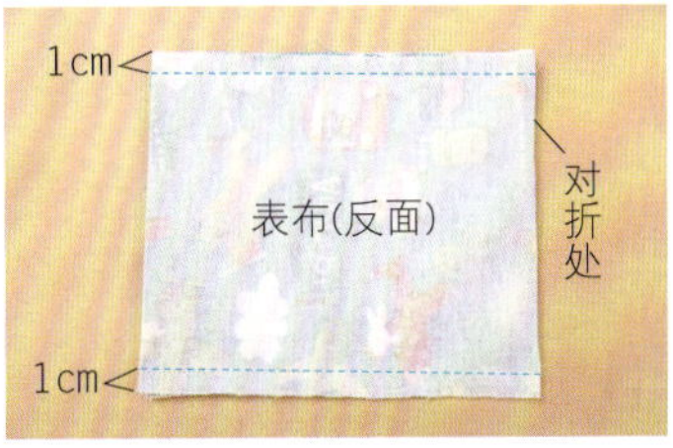

8 将表布对折(正面对正面)车缝上、下两道固定线。

9 翻回内部隔层面。

10 如图再从隔层处翻至最外一层。

11 钉上金属扣即完成。

春日小品提袋

一层一层地，
好像女孩的蓬蓬裙，
开满各式各样的花朵，
连狗狗都不禁被花香吸引。

材料

表布30cm、侧边布30cm、里布60cm、衬

■完成尺寸：约34cm×32cm ■内附原尺寸图

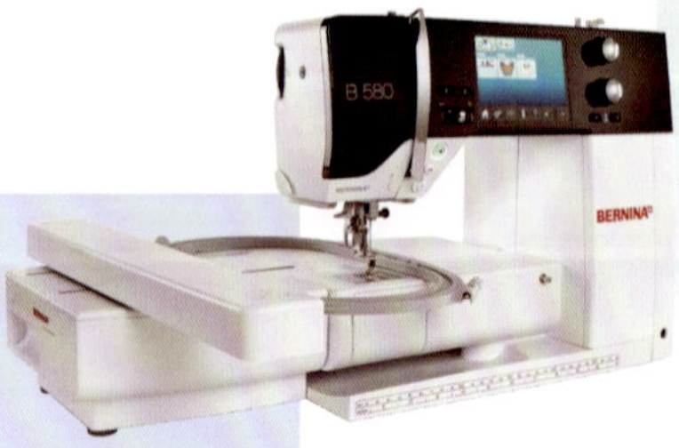

使用机型：BERNINA B580

■示范教学／隆德贸易有限公司 苏怡绫老师 ■情境摄影／C.CH ■教学摄影／J.J.
■情境文字／Brownie ■做法文字／Nanami ■美术设计／宇柔

How to make

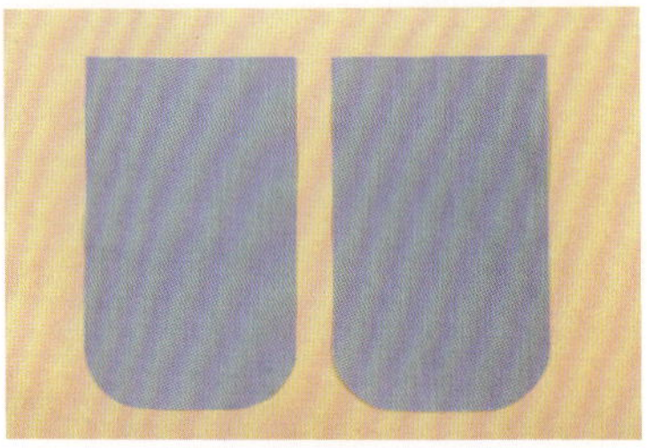

1.表布依纸型裁剪2片(请外加缝份1cm)。

2. 侧边布11cm×98cm2片(请外加缝份1cm)。

3. 侧边布98cm处抽褶成50cm。

※密度(针目)3.5，车缝抽褶时，中间略回针防抽褶时断线。

4. 步骤3的侧边布与步骤1表布的正面相对，如图用珠针或强力夹固定缝合(另一片相同方法完成)。

5. 翻至正面后，表布压缝一道0.2cm固定线，如图2片布的正面相对，用强力夹固定外侧，缝合完成。

6. 翻至正面完成表袋。

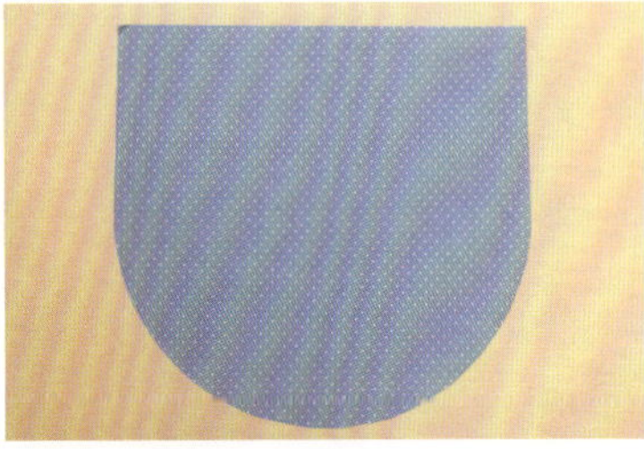

7. 里布依尺寸图裁2片。

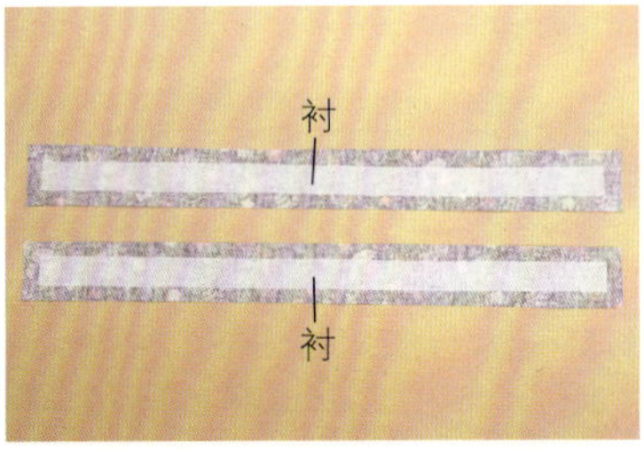

8. 提手用布：4cm×40cm2条，如图布的反面各烫上衬(衬裁2cm×38cm，尺寸已含缝份)。

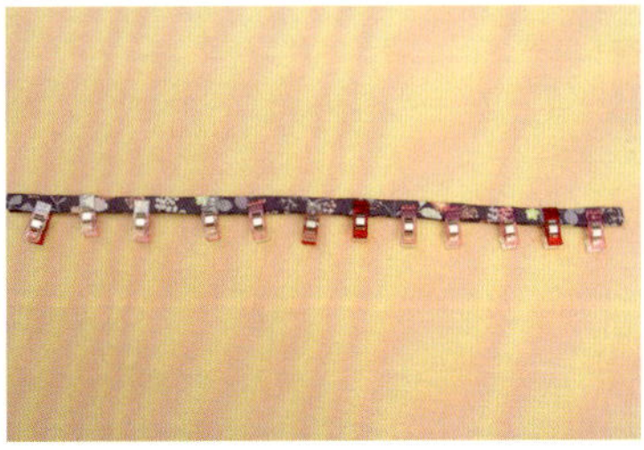

9. 提手用布折成4等份，用强力夹固定。

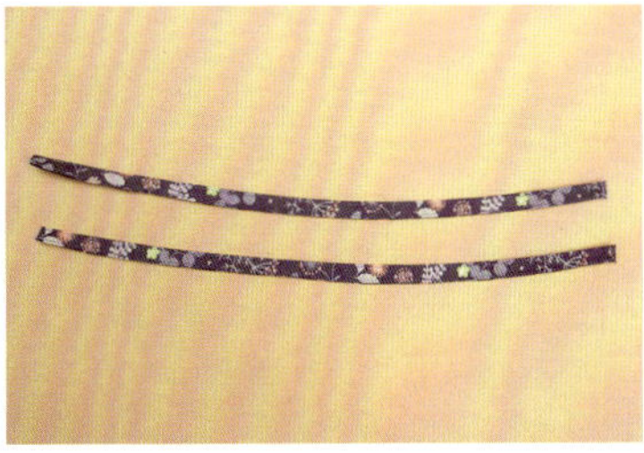

10. 40cm的两侧边车缝0.2cm固定线(另一条同方法完成)。

11.提手倒放，用强力夹固定于表袋的前、后侧，再疏缝固定。

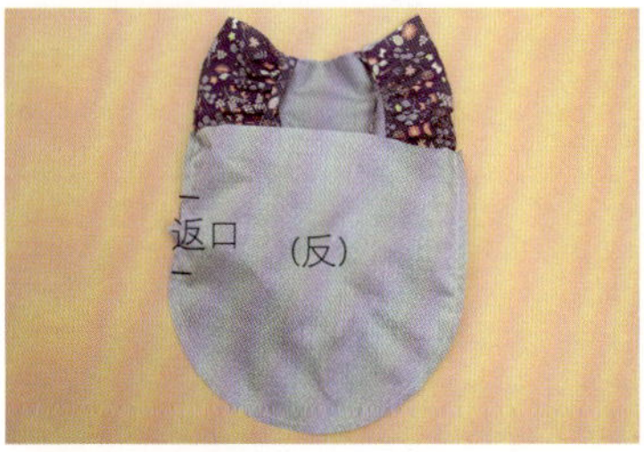

12. 里袋布2片(布的正面相对)，上方不缝合，其余缝合固定(一侧需留返口)。表袋套入里袋内(布的正面相对)。

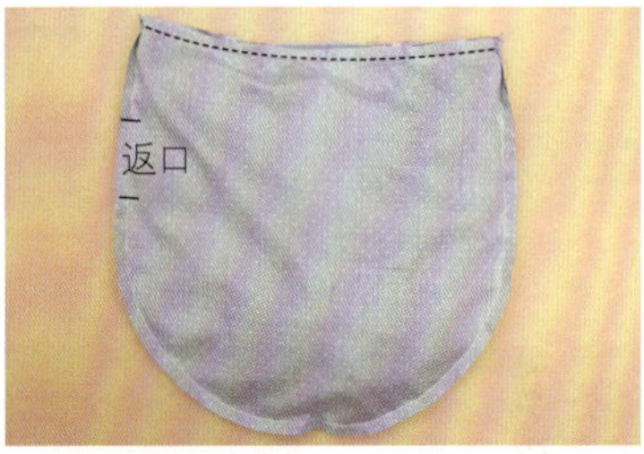

13. 车缝上方。

14. 翻至正面缝合返口处，依个人喜好缝上扣子装饰即完成(包扣3颗，参考尺寸：直径3cm)。

河南科学技术出版社

最新畅销编织图书推荐

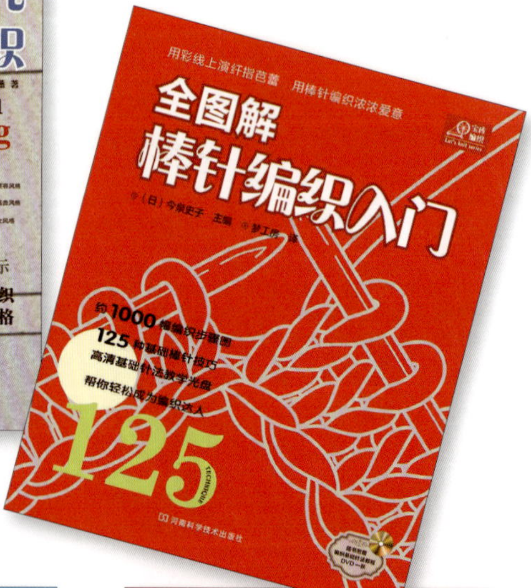

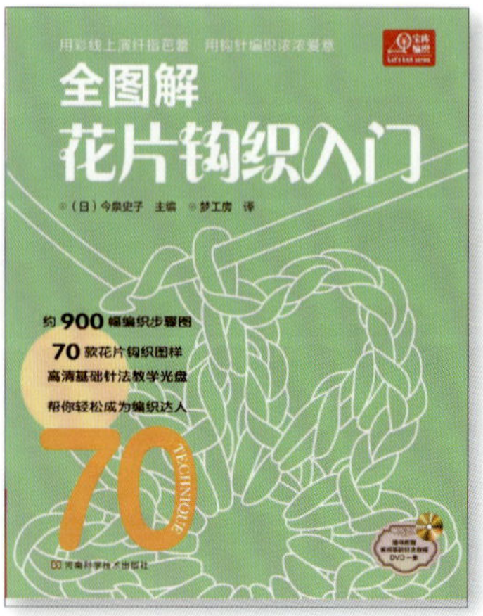

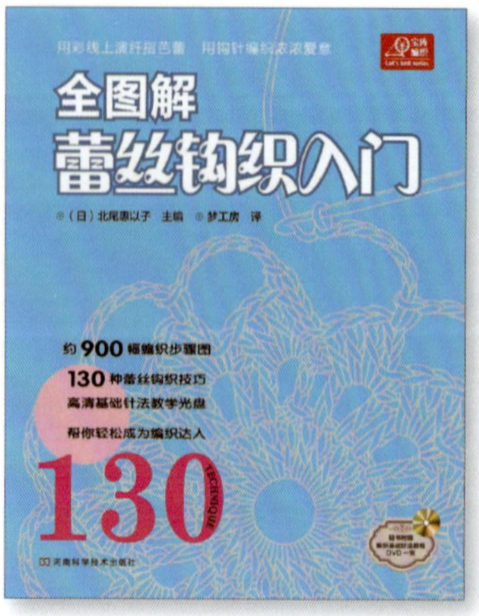

手作日和工作服

乍暖还寒的时节，
拣一篓园里的李子，
做成香甜可口的甜馅饼，
与家人交换着季节的情绪。

■完成尺寸：约54cm×73cm ■内附原尺寸图

使用机型：BERNINA B530

■示范教学／隆德贸易有限公司 李青绮小姐 ■情境摄影／C.CH ■教学摄影／J.J.
■情境文字／Brownie ■做法文字／Nanami ■美术设计／宇柔

材料

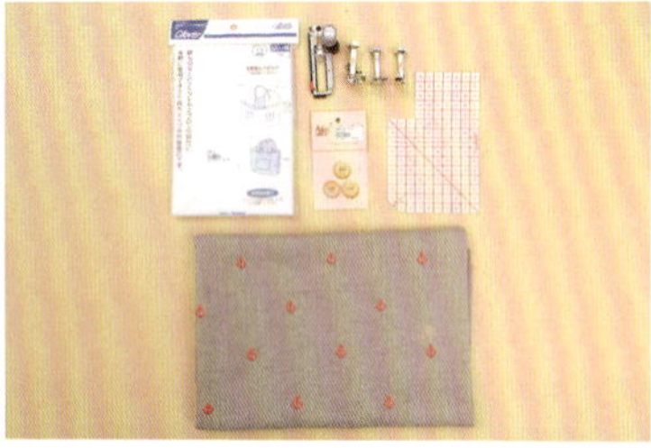

棉麻布120cm(幅宽145cm)、可乐牌布衬、熨斗定规、扣子
压布脚：开扣洞压布脚、#10、#1、#2A

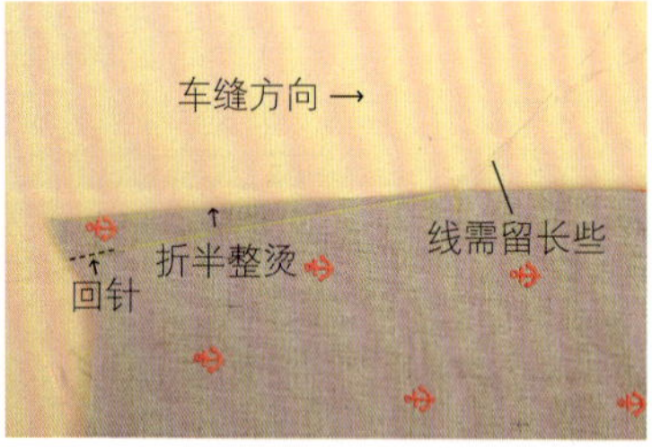

1. 主布依尺寸图裁剪，翻至反面，两侧的抓褶处如图折半整烫→车缝，由外往内的方向车缝，起头处需回针，缝完处上、下线需留长一些再打2次结。

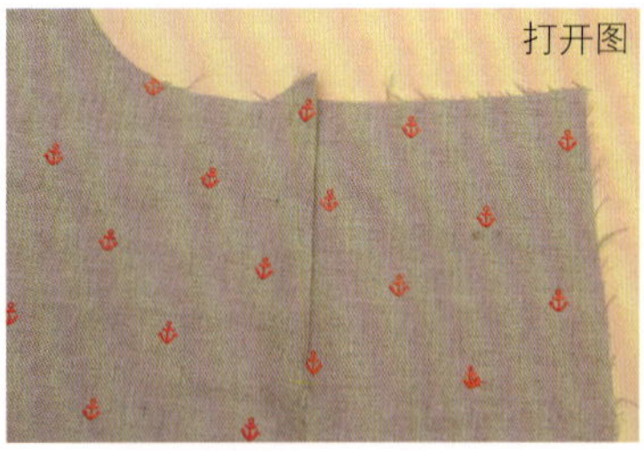

2. 线打完结后将线剪短。

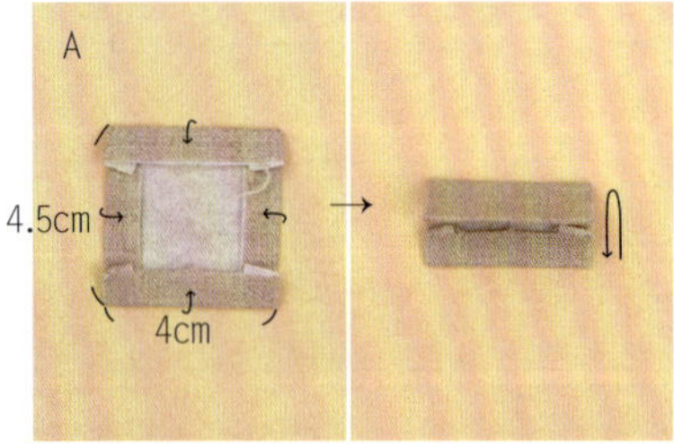

3. 力布A6cm×6.5cm(衬4cm×4.5cm)各2片，将4条缝份1cm折好，再对折。

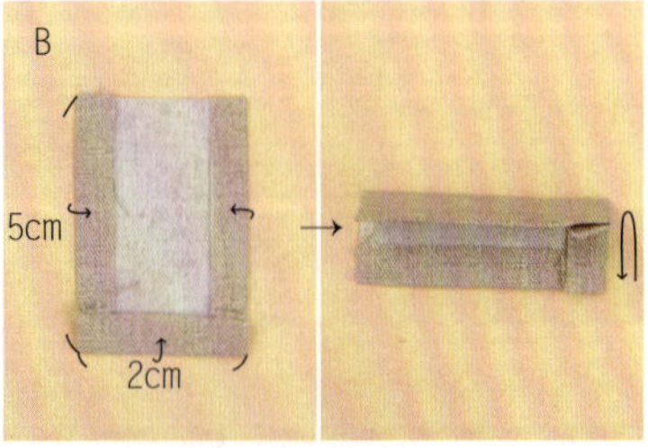

4. 力布B4cm×6cm(衬2cm×5cm) 各2片，将3条边缝份1cm折好，再对折。

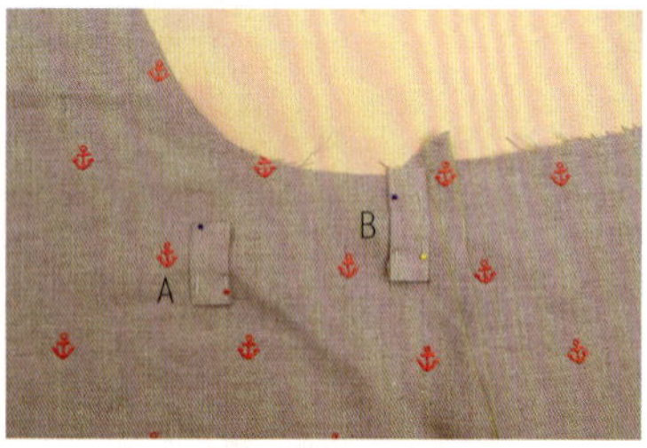

5. 如图车缝于主布的反面上。力布B无折缝份处请置放于上方。

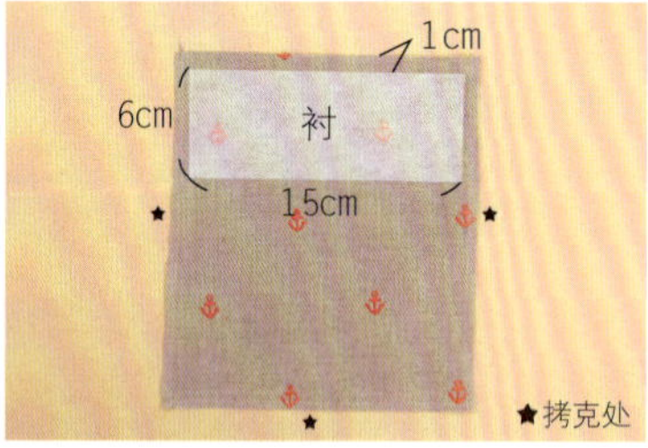

6. 依纸型裁口袋布18cm×17cm，除上方之外其余拷克完成，反面如图烫上衬。

7. 用#2A压布脚拷克。

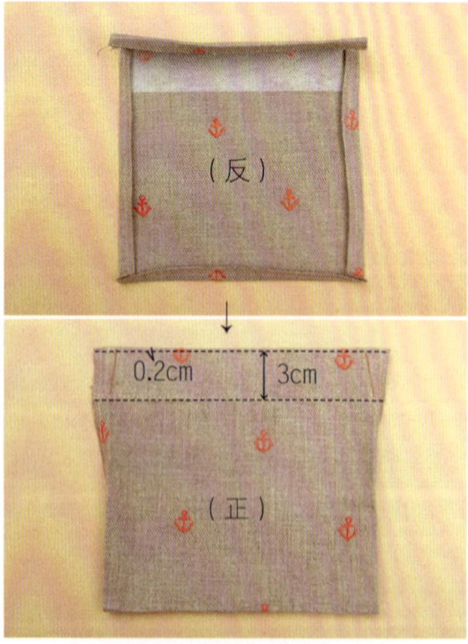

8. 口袋的上方折1cm再折3cm，翻至正面压缝2道固定线。

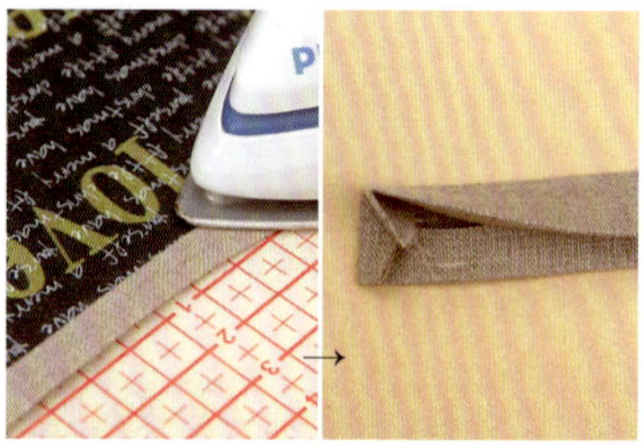

9. 裁肩带7cm×90cm2条、绑带6cm×90cm2条，90cm处反面的上、下各用熨斗定规烫出缝份1cm，左侧缝份也折入1cm缝份，再如图对折(缝纫机设定：往左移4针位，针目2.8)。

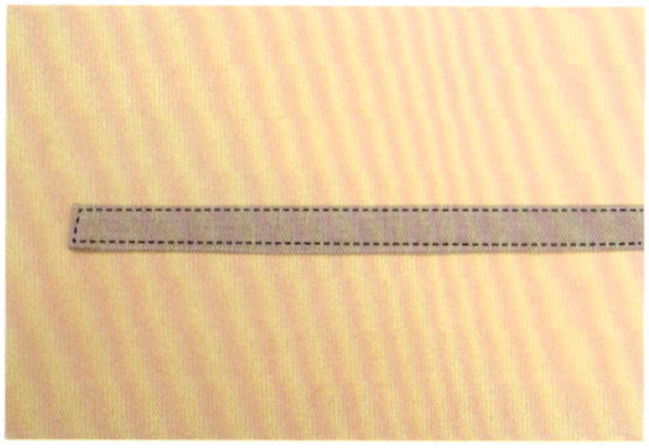

10. 翻至正面压缝0.2cm固定线。

11. 用#10压布脚压缝固定线。

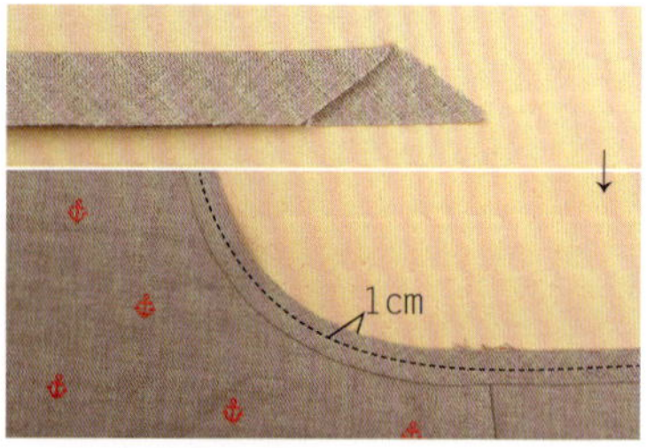

12. 裁斜纹布3.5cm×60cm2条，对折(布的反面相对)，车于主布的正面左、右侧边处(缝份1cm)。

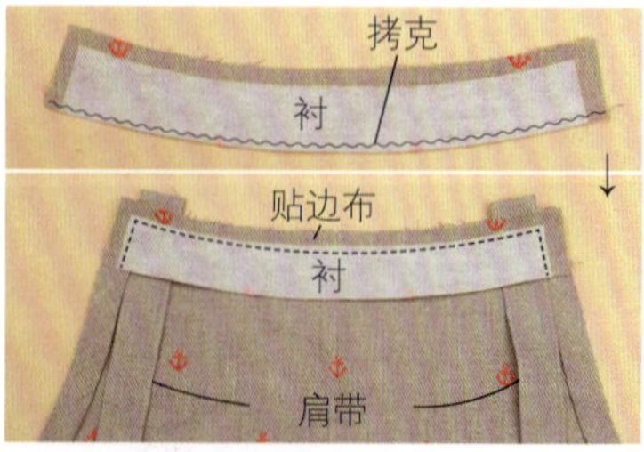

13. 依尺寸图裁贴边布，下方需拷克。反面烫衬，如图将肩带2条放于主布与贴边布中间(布的反面相对)，贴边布处车缝固定。

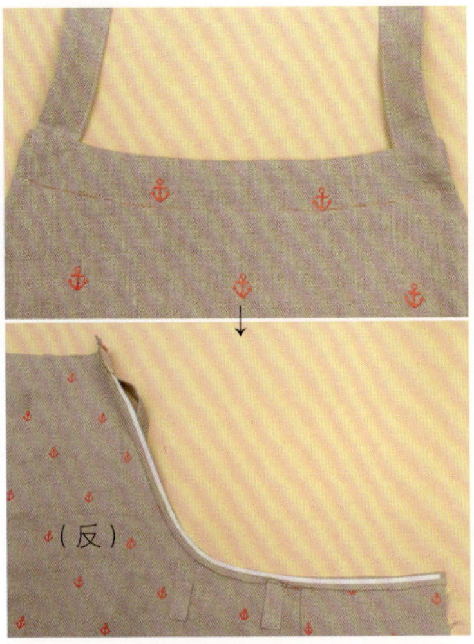

14. 贴边布翻至主布的正面，再如图步骤12的斜纹布贴上水溶性双面胶带，缝份处修成0.5cm宽，滚边固定于主布的反面两侧边。

15. 双滚边完成。

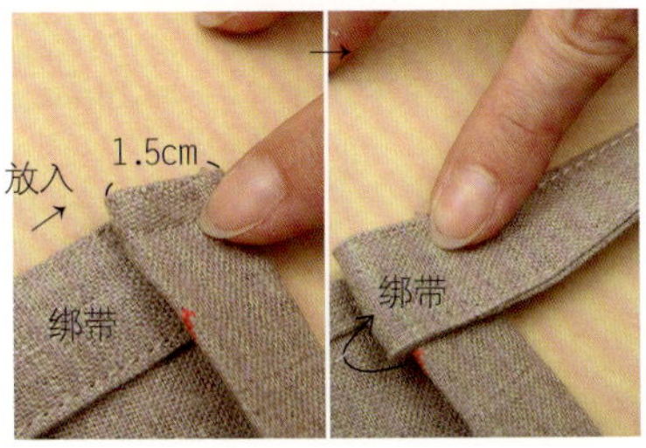

16. 肋边的反面折2次1.5cm，再将绑带放入后，绑带往右折包住肋边。

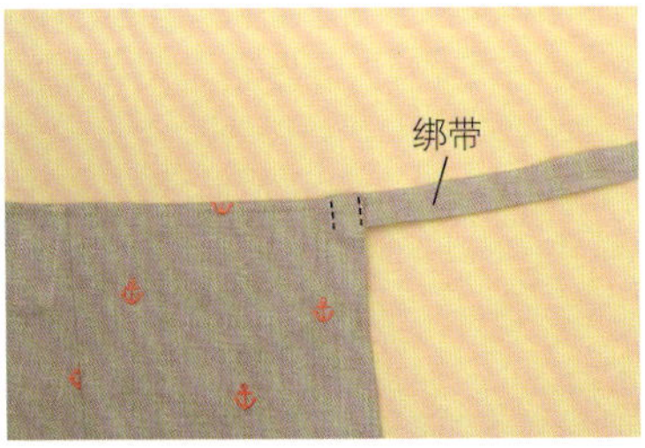

17. 翻至正面车缝固定绑带。

小技巧：用#10压布脚车缝固定线时，若如步骤16绑带处很厚时，可如图加上校正片于压布脚后面使压布脚呈水平，这样车起来线条会很漂亮！

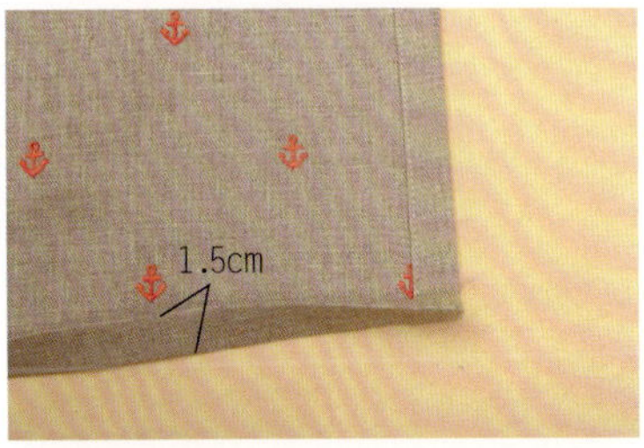

18. 主布的裙摆也折2次1.5cm后车缝固定。

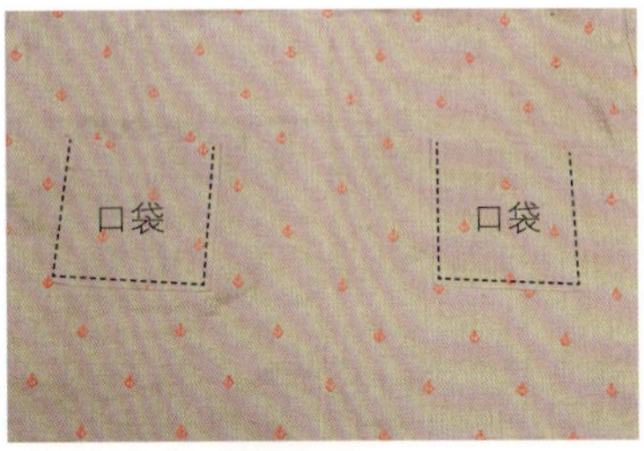

19. 口袋车合固定。

车扣眼

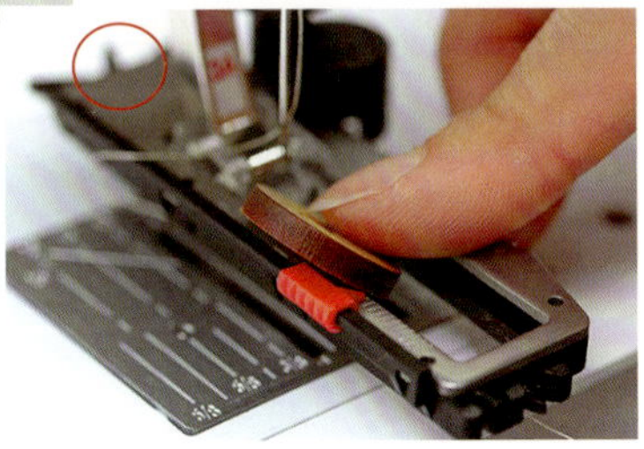

20. 换上开扣眼的压布脚，先量好扣子的宽度。

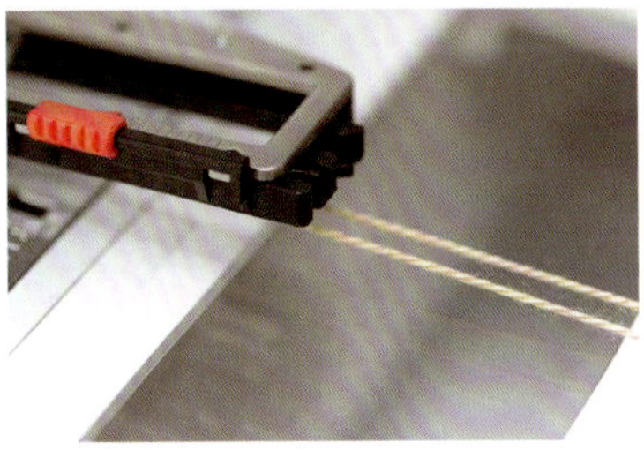

21. 从步骤20中的○记号处，勾住8番绣线。

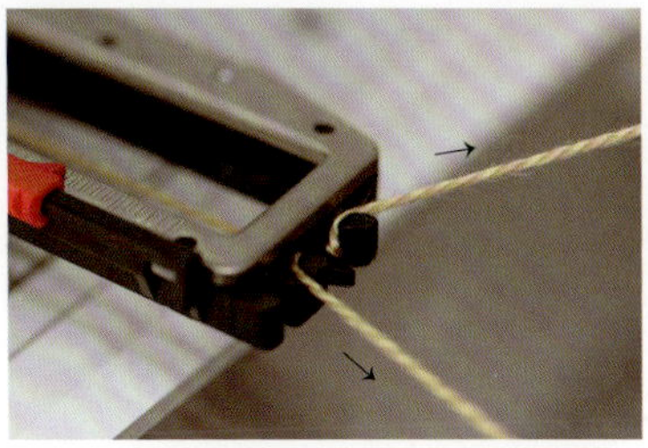

22. 将线分别塞入凹槽，如图向两侧的方向拉出。

23. 步骤3～4的力布A和B上车缝扣眼完成。

※加上绣线是为了使扣眼增加立体感，完成后将多余的绣线剪掉。

24. 使用#18压布脚于肩带上缝上扣子，即完成。

暖烘烘保温袋

这一款『保温片』是不需再缝合的水壶形，真贴心！选块自己喜爱的布，做个实用的保温袋，一起踏青去。

完成尺寸：约6cm×20.5cm×6cm

■作品设计、制作、示范 / Color Cotton工作室
■情境摄影 / 詹建华 ■教学摄影 / Milk
■美术设计 / Celina ■文字 / Nanami

材料

可乐牌袋形保温片（水壶用）内侧有银色与棕色两款

（尺寸已含缝份）
布 38cm×14cm
口布 28cm×8.5cm
木珠、绳子 50cm、布衬

How to make

1. 裁布衬 36cm×12cm，用熨斗烫贴于布的反面上，如图对折（布的正面相对）。

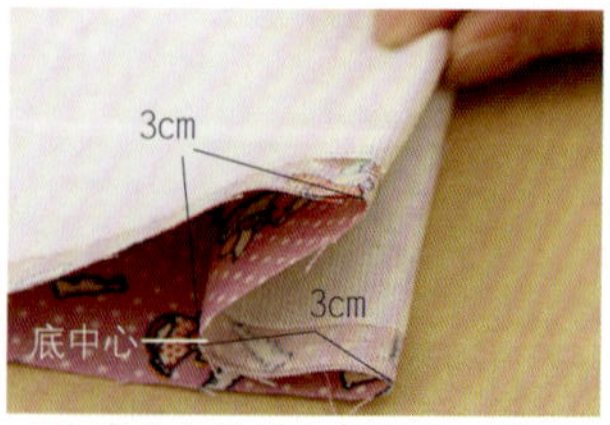

2. 底中心处往上画出 3cm 的位置，如图折好。

3. 用强力夹固定缝合两侧。

4. 完成后翻至正面。

5. 口布的左右两侧各往内折 2 次 1cm，再缝合固定。

正面图。

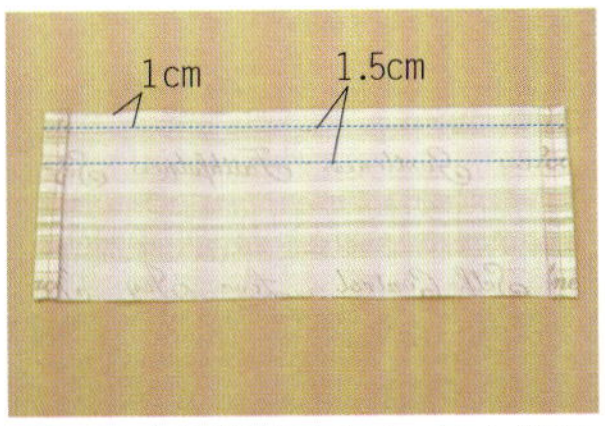

6. 口布再翻至反面，从上往下画出 1cm 与 1.5cm 的线。

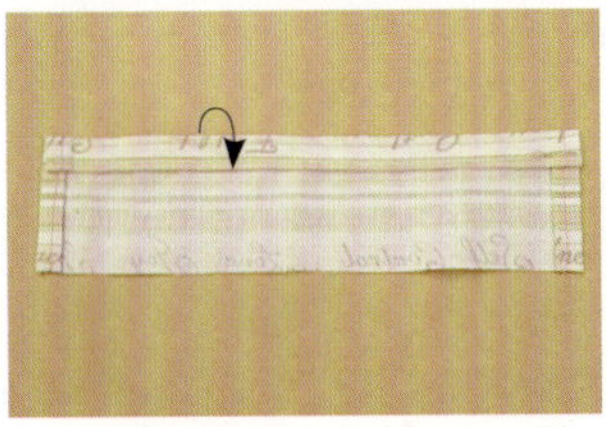

7. 先往下折 1cm 再折 1.5cm 后，缝合固定。

8. 将可乐牌袋形保温片如图套入步骤 4 内，对齐左右侧边。

9. 口布左右对折（布的正面相对）。

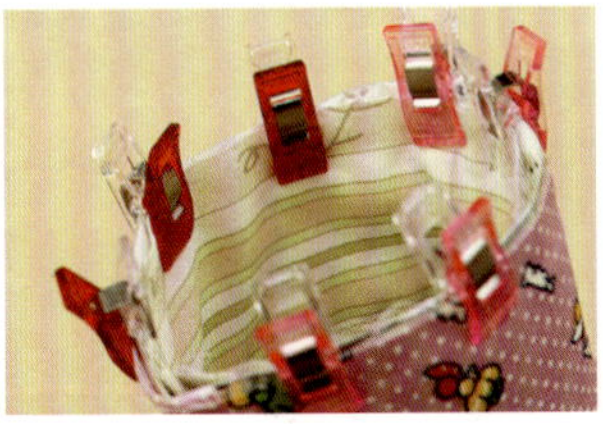

10. 口布套入袋子内，三层对齐后用强力夹固定，再疏缝一圈固定。

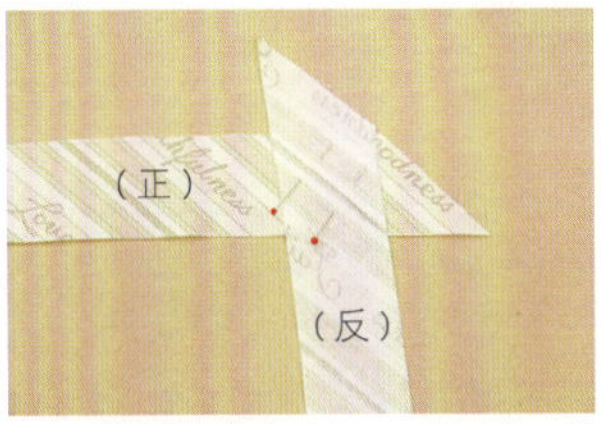

11. 裁斜纹布条（4cm×27cm）。若布不够长可如图裁 2 条拼接，一正一反放好以珠针固定。

12. 缝合，再剪掉多余的布。

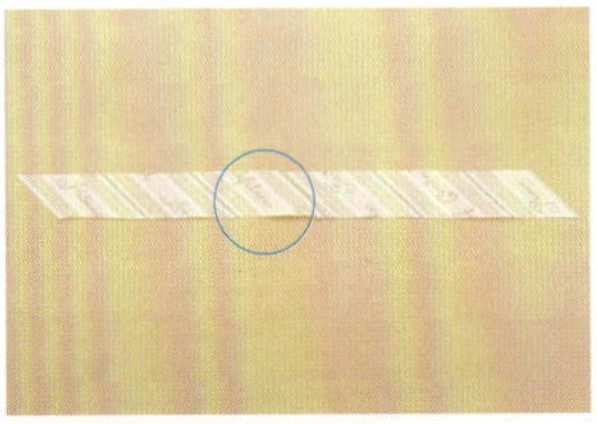

13. 翻至正面即完成。

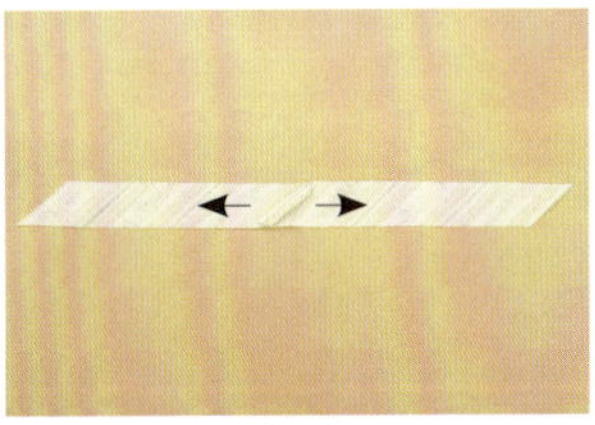

反面图，缝份处需烫开。

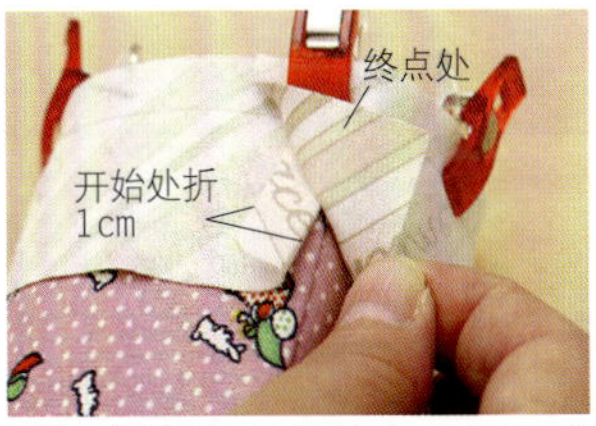

14. 步骤 13 的滚边条如图与袋子的正面相对，开始处需折 1cm，滚边布绕一圈后的终点处需如图盖住开始处。

15. 缝合一圈（缝份为 0.7cm）。

16. 滚边布先折 0.7cm 缝份，包住袋口处折入袋内，包边完成（袋内的滚边可以用藏针缝合固定）。

17. 将穿绳器夹住绳子穿入口布内一圈。

18. 最后套入木珠打结。

19. 完成。

作品设计、制作、照片、文字提供 / 张碧恩老师　美术设计 / Maddy

2011横滨国际拼布展得奖纪实　镜

我想直到有一天眼不能看、手不能缝，
才可能放下，再把自己提升至心灵的层面，去欣赏拼布，
找出原始的感动，就算如此我也很快乐。
——张碧恩老师

作品名：镜

作品尺寸：196cm×216cm

奖项：横滨国际拼布展现代拼布部门通信社赏

作者简历：日本余暇振兴会手缝 、机缝师资
BERNINA第一届国际师资
2005~2010年皆有作品受邀参加横滨国际拼布展
2008~2010年皆有作品受邀参加韩国国际拼布展

接触拼布至今已超过20个年头，岁月的足迹经历了欣赏、摸索、学习、创作等各个漫长的阶段，一点一滴累积出我的拼布创作能量，凭借着一股对拼布的热爱与热忱，心中一直有层出不穷的灵感与设计。

近年来深为身体状况不佳所苦，但对做拼布的热忱却丝毫不减。先生常问我，缝缝补补要到几时休？我慎重思考过，我想直到有一天眼不能看、手不能缝，才可能放下，再把自己提升至心灵的层面，去欣赏拼布，找出原始的感动，就算如此我也很快乐。

这几年因为肩部软组织的粘连，手臂能抬高的角度有限，不太能长时间车缝、手缝。医生亦警告不能再过度使用手臂，可是心中总是随时有不同的灵感，想做的东西太多了！受到限制是一种痛苦。这次的作品是在我肩部开刀前，每日去做康复、中西医治疗结合，但活动的角度却越来越小，痛苦指数也越来越高，又很想做已设计出的作品。只好利用直与横的简单的拼接组合，也挑战了自己较不拿手的和风布料与颜色，利用一块渐层布条来组合。刚完成时却又觉得整件作品有点太单调，于是想起女儿小时候去游戏场看到哈哈镜，被镜中扭曲的样子逗得哈哈大笑，于是就做了些大、小、凹、凸不同的圆，随意放置，好像透过不同的镜子看到不同的直与横，让作品增加了一些趣味性，不再显得那么生硬，也成为这件作品的主题《镜》。但因为肩伤不能做太多的压线变化，感谢这次横滨国际拼布展的评审老师们，看到我作品的深度与设计，认同我的作品。虽然我有些心虚，觉得作品并不是很完美，但是得奖对我是一种肯定与鼓励。现在肩部已开完刀了，正在努力康复中，未来我会更加努力做出更精彩的作品，请大家跟我一起来期待，也为我加油！

与得奖作品《镜》合影留念。

作品设计、制作、照片、文字提供／樱井纪子老师　美术设计／Dabbie

盛开的花

作品尺寸：100cm×150cm

Full bloom

大家请尝试享受用各种不同的素材去制作作品！

——樱井纪子

花束装饰框

Bouquet

作品尺寸：50cm×50cm

从某种意义而言，我或许不属于拼布家，Hooked rug与Slash rug(将布撕裂做成垫子)、还有不织布及拼布等，这些对我来说不论是哪一种都是制作作品表现的元素之一，缺一不可。那些素材对于身为作家的我来说，也许就如同画布上使用的颜料，是不会嫌多的。

此次我想介绍机缝拼布，这两件拼布作品的共通点就是“融化”，首先在水溶纸衬的上面机缝，然后放平用针压、静静地在水中溶解，干燥之后在如同蕾丝状的图案上压线。

这样的做法可以做出如同线浮于上方的立体感作品，现在有许多各式各样用水溶或热熔的素材，可结合各种不同场合选用，请大家尝试享受用各种不同的素材去制作作品！

日本去年因地震受创，大家很努力地复兴，很感谢当时台湾的热情支援，真的由衷地感谢大家。

注：Slash rug是我用撕裂的布条编织成垫子所出版的书(2011年的9月由日本拼布通信社出版)
详情请至http://rug.moo.jp

Chat 3 印花布的缝贴组合

19世纪，印花贴布的缝制品极为盛行。这是将印染着花、壶、鸟等的图案布锁缝或贴布缝在基础布上的缝缀品，也被称为波斯补花拼布，此种风格的拼布品在当时除了人气高，印花布的价位也相当高，然而英国妇女为了让缝缀品表现丰富再华丽也在所不惜，因此在历史上留下了English Quilt的特征。

文字提供／陈节老师　摄影／C.CH　美术设计／Celina　协助／布能布玩拼布生活工坊(台中河北店)　TEL：04-22450079

爱恋巴黎

尺寸：140cm×140cm

作者／陈节老师

作品制作趣谈

使用图案布缝制静物的主题，要刻意安排或随性插放，都可通过创作构思搭配，如色调、构图等整体关系营造不同的表现，也可表现出内在的感情。把一枝枝娇柔的郁金香放入瓶中，再配上法国巴黎景物，让我忆起当年旅游法国时的甜美记忆。

玫瑰恋

尺寸：135cm × 135cm

作者／陈节老师

作品制作趣谈

随着自己本身技术的提高，缝制创作也可在制作方面向不同风格挑战。同时，选用布料除了印染布外也可准备一些方格、条纹、无花纹布，这将是配色时能派上用场的。进行的第一步是选用适当的花朵与大小，再来构图花器造型和容量，接着放入缤纷色彩的背景布，这时叶片的选用也很重要，能衬得花束平衡，如果采用有设计感的图案当背景，必能使作品达到独特风格。

花瓶

尺寸：90cm×98cm
作者／苏怡绫

作品制作趣谈

颜色鲜明亮丽的背景布，看起来十分吸引人，却有着不知该如何使用的疑虑。原来只要搭配上一个花瓶，就会让人禁不住赞叹。

陈老师讲评：

缝制创作也和人生一样，重复着一些单调的事，但只要加入设计、勇气、真诚定可“创作”成果。若是选用背景鲜艳夺目布料时要小心处理，弄不好会眼花缭乱，但反过来一切得体时鲜艳的色彩也是愈容易聚集人们的眼光。因此在制作过程中将饱和色彩的花束排入后，特别要留下黑框轮廓维持彼此空间感，或是事后采用黑绣线加强，如此搭配也能创作出不可思议的色彩组合。

盆花

尺寸：90cm×98cm
作者／徐骍祯（Pany）

作品制作趣谈

这次运用了主题花布拆解重组，用插花的方式重新展现美感，对我来说又是新的运用布的逻辑，搭配机缝自由勾勒花朵，画面的感觉生动鲜明了许多，怕鲜花不能持久不如做一幅花来美化吧！

★感谢支持！本单元推出广受读者热烈回响！
欲报名陈节老师课程者请接洽布能布玩拼布生活工坊（台中河北店）

陈老师讲评：

组合时也要配合背景选择适当花朵与色彩布。选用的背景朴实且怀旧，别有一番风味，在自然暗色调里也有发展潜力，使前后产生寂静与鲜活的强烈对比。

给情人节的礼物 ROSE HEART万用包

利用疯狂拼接的概念，制作万用包上的玫瑰，
使用手染布或先染布，都各有特色，
讨喜可爱的心形造型，
最能诠释情人节温柔宠爱的礼物概念。

作品设计、制作、图片、做法提供 / 优秀轩　情境摄影 / J.J　美术设计 / Maddy
内附原尺寸图　完成尺寸：约16cm × 12 cm

准备材料

表布A～D4层(也可用同一渐层布)
表布E(后片用：烫中衬)
里布(烫薄衬)
12.5cm拉链1条
滚边布3.5cm × 48cm
铺棉
纸衬(或薄衬)

新手作家

作品欣赏 小玫瑰万用包

使用照片转印作为纪念的背面设计

优秀轩
http://tw.myblog.yahoo.com/yoyo20001027/

我和《巧手易》的相遇：
2003年婆婆送的缝纫机，让我开始了布作之旅。2004年夏天看到了《巧手易》杂志，使我对拼布有了兴趣，开始学习拼布，2010年开始向杂志投稿。"优秀轩"是我三个宝贝名字的谐音：佑秀宣，本着希望能带给大家正面的力量的初衷，拼布让我在照顾3个宝贝的同时获得更多力量。

疯狂拼接的制作重点

1 取纸衬或薄衬将纸型描绘于上，依序烫上铺棉与里布。

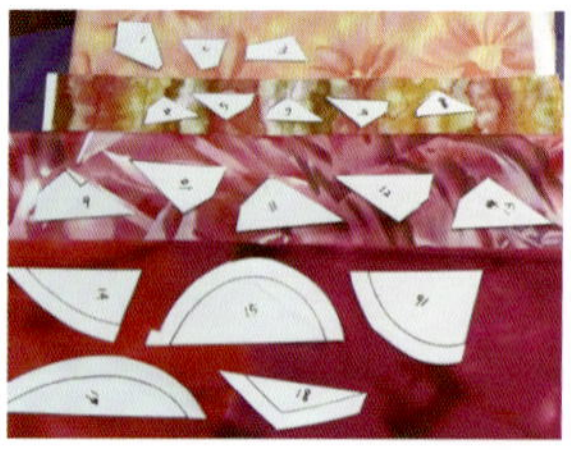

2 表布A～D依纸型外加缝份裁好备用。

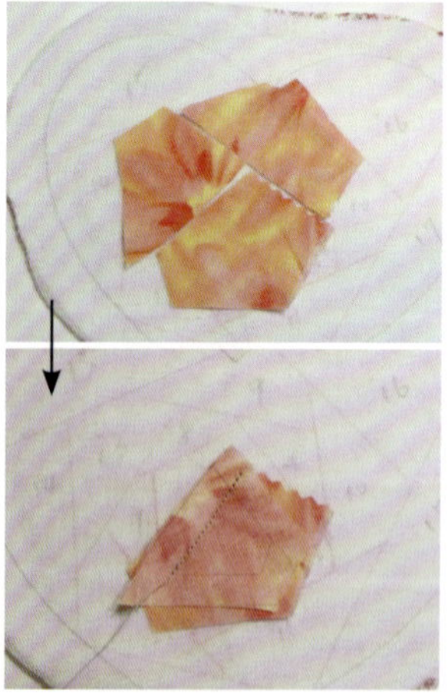

3 第一层A布共有三片，取出第一片与第二片正面对正面，与铺棉一起车缝。

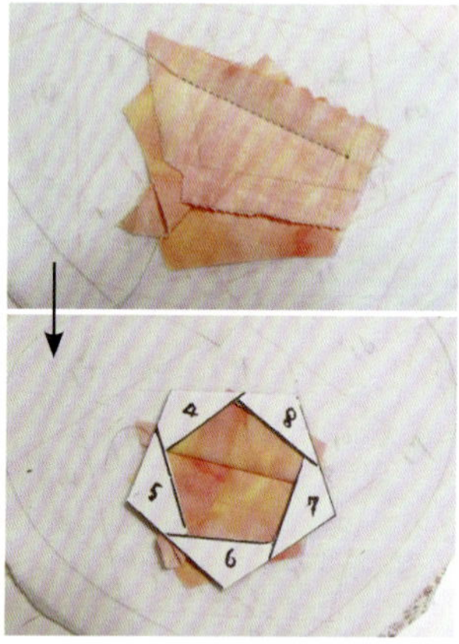

4 翻到正面再加上第三片再车缝，把第三片也翻回正面，完成最内层。

5 拿出B布(编号4～8)相同方法依序翻车完成B层。拿出C布(编号9～13) 相同方法依序翻车完成C层。拿出D布(编号14～18)相同方法依序翻车完成最外层。

后片做法

6 取出表布、里布，与拉链夹车，整烫→压线→完成备用。

7 拿出完成的前片与后片核对纸型，裁剪完成。

8 前、后片重叠，疏缝固定。

9 缝上滚边即完成ROSE HEART万用包。

您喜欢本期的新手作家作品吗？别忘了寄回回函写下您对他的支持与鼓励喔！

HotNews!

逛街好去处!

位于敦南的诚品书局有着法式风格且精致高雅的拼布店是最近拼布迷们热烈讨论的话题。小编实地造访时，起初有些难寻觅，因为经过时若不是发现缝纫机，会以为是某欧美进口的包包品牌柜位呢！镂空雕花造型的白色缎面椅子、水晶台灯与白色仿壁炉的装潢相互辉映，袋子的展览空间以苹果绿色与雕刻金框的表现，华丽却不奢靡，跳脱传统拼布店的陈设，让人经过时会想多看几眼。

展示的袋子都有充满着浪漫情怀的名称，如：巴黎、塞纳河畔等，令人印象深刻。

每个袋子都有教学及材料包可购买，袋子的款式都是织品设计师的杜老师原创喔！

DATA
Fidele 妃黛拼布教室 (02)2775-5977#641
敦南诚品书局 台北市敦化南路一段 245 号 B1

CLUB

◎《巧手易》独家限定

指吸快子拼布研习课

甜蜜旅行提包

作品尺寸：约 30cm × 19cm
材料费原价 NT$2,500.-
研习费原价 NT$2,500.-
超值体验价 **NT$3500.-**/ 每人（研习费 + 材料包）

★台北场

时间：2012 年 2 月 29 日（三）
AM10:00 ~ PM04:00（中午休息 1 小时，午餐自理）
地点：台北市南京东路一段 52 号 6 楼《巧手易》杂志

★台中场

时间：2012 年 3 月 2 日（五）
AM10:00 ~ PM04:00（中午休息 1 小时，午餐自理）
地点：台中市北屯区河北西街 75 号 隆德展览厅

◎ 2012 日本 HOBBY SHOW 36th

日期：2012 年 4 月 26 日（四）~ 28 日（六）
时间：AM10:00 ~ PM5:00
地点：日本东京都江东区有明 3-21-1
东京国际展示场（东京 BIG SIGHT)
电话：03-5530-1111
http://www.hobby.or.jp/hobbyshow/2012/index.html

《巧手易》简体版

征稿启事

一、稿件要求：

1. 以“布”类作品为主，但主题、风格不限。
2. 须是原创作品且尚未在任何纸质媒体（包括杂志、报纸、图书)及展览会上发表过；若作品参考其他书籍，请注明原书名并说明自己所加入的新的创意，请勿与原作品雷同。
3. 每件作品需准备3幅高清晰的成品图及5～10幅清晰的过程图，并用文字详解创作意图和制作步骤。
4. 请勿一稿多投，来稿三个月如未接到录用通知可自行处理。未采用的稿件不予退还，敬请见谅。

二、投稿邮箱

hnstpdwhz@163.com

欢迎手工爱好者们踊跃参与！
秀出作品、秀出创意，就有可能在《巧手易》里变成当红手作家哦！

内地拼布
大搜查

摄影、采访 / 特约编辑 詹宏人
美术设计 / 启予

奖状——辛劳的成果

四位合伙的老师

老洋场 新气象

得奖的作品

上海浦东、浦西隔江相望，浦东现为中国金融大业的重心，从明珠铁塔的观景台俯视，对岸旧租借区的十余座巴洛克建筑，风华绝代，尽显十里洋场的气派。

上海四季拼布教室，邻近地铁中山公园站。21 世纪初，笔者曾驻足附近，记得入夜后整区黑影幢幢，杳无人烟，需秉烛方可夜游。然十年河西，地铁创造了新市集，今日这里商场叠叠，游客摩肩接踵，早已经成为一座崭新繁华的不夜城。

“四年前我们四个人一起同师学艺，课余时就相邀到中山公园附近咖啡厅缝拼布，”四季拼布合伙人汪蓓告诉我说，“经常一缝就是半天工夫，后来也不知谁先提议，不如在附近找个地方开店，反正东西越来越多，没有地方也不方便”，成为合伙人的贾雨、汪蓓、贾晓雨、俞丹凤轮流讲述他们的拼布故事，“不到 3 天，教室就搞定了。”“有了教室，我们才想到经营问题，当时就是一股劲！”贾雨接着说明，“其实当初大家的目标，只要够付租金，教室就开下去。”

“那你们碰到那些问题最头痛？”我关心地问。

“价格竞争！”四人异口同声“当我们还是客户时，买东西上淘宝，找最便宜的东西。”，有人叹了一口气，“现在我们自己是店家，卖出的商品都会碰到客户拿淘宝的价格来讨价还价！”，四位老板同时现出无奈的表情，“有时东西卖出去好久了，因为淘宝出现便宜的价钱，客人还会来要求退钱！”，创业维艰，一言难尽，还好大家轮流挑水，总算摸着石头一步步走过来。

几年来上海每年都有几场大型拼布展，四季拼布教室每回都会被邀请，每次为了参展作品，四个人轮流日夜赶工，换来今天壁饰作品挂满墙，布包作品琳琅满目，这些积累，让教学内容丰盛老成，也让四季拼布教室赢得专业教学拼布教室的名号。

教室学员上课

参展的布包

教材作品

琳琅满目的包包

百年前，浦东村姑聚集一堂，绕着樟木茶几，或做刺绣，或攻织补，一人起头吟唱，众人合音，一曲将尽，由新人续接旋律，阳光透窗而入，一群冕纱的大家闺秀，伴着低吟歌声，融入在典丽的老旧女红图片中。浦西定西路上的四季拼布教室里，同样璀璨的日光，一群拼布姑娘，伴着格格的缝纫机轴声缝制着美丽的包包，屋内一角挂着历年参展的奖状，布架上五彩缤纷的 Rowan 布，同样金色年华，阳光衬背，剪出一张张漂亮脸庞的侧影，沧海桑田，不变的女红，不同的声音，吟唱着同样低吟的曲调，老上海，新手工，十里洋场，总是会走在流行的先端。

Data
Cactus Quilts
1811 6th St.N. Texas City,TX 77590
TEL：409-965-9778
http://www.cactusquilts.com

Cactus Quilts 拼布店

摄影、采访 / Magi 美术设计 / 启予

活力充沛的工作人员。

这间店坐落于美国德克萨斯市的一条大马路旁，若不注意可能很难发现是拼布店。一进门两位工作人员很热情地与我们打招呼，也开心地让我拍照。店名取为仙人掌拼布，很特别，但是忘了询问原因，此间店让我印象很深的是，在入门旁边有个作品，应该是用钩针钩成的仙人掌小挂饰，非常特别。店的规模并不大但美式风景图案布很多，配件类的商品也与国内陈列不同。在拼布的发源地美国，听说拼布爱好者比较喜爱制作以家庭布置为主的作品，参观了之后，很快就能感受到贩卖的商品比较随性且生活化，因为民族不同所喜爱的拼布种类也就不同，真是令人大开眼界。

1. 开设于大马路旁的Cactus Quilts拼布店。
2. 店内的陈设会随季节及节日而变化。
3. 书籍区，我发现在美国有些拼布名师会在自己出版的新书封面放上自己的肖像如同明星一般，这点很特别。
4. 早期拼布迷争相收藏的安与安迪娃娃，在美国偶遇分外亲切。
5. 仙人掌小挂饰
6. 美国的店内可常见到运用图案布所制成的壁饰或拼布被。

这一区摆了许多图案布。

一入门的右侧摆设，桌上除了布片组之外，还有一些拼布的明信片。

Jenny Bowker
首次台湾讲习课花絮报道

时间：2011.12.1～12.3.
地点：台北市剑潭青年活动中心
主办：隆德贸易有限公司

采访翻译协助／隆德贸易有限公司　王曼迪小姐
讲习课翻译协助／陈逸梅小姐　　文、图／Magi

去年的休斯顿拼布展中，有3幅以中东男子的肖像为题材的作品，因为主角人物的表情栩栩如生，仿佛是照片般生动，令我印象深刻。10月中旬得知有此讲习课时，因为采访查询了资料后得知授课老师原来就是我喜爱的那幅《阿布阿里和金椅子》的作者，令小编雀跃不已，这么难得的机会，当然要参加课程啰！我们也近距离地采访了Jenny老师，让我们一起来了解这位亲和力满点的澳大利亚拼布达人吧！

以下采访简称（H：Handmade 巧手易　J：Jenny Bowker 老师）

1

2

参考照片

H：请老师分享一下制作《阿布阿里和金椅子（Abu Ali and the Gilded Chairs）》作品的设计动机？

J：我的先生是外交官，我跟着先生在阿拉伯及伊斯兰国家等中东国家住了15年。我的朋友都说中东人很恐怖，但我很生气，因为我认识的中东朋友虽然很穷但都很热情又诚恳，我很欣赏他们的工作态度。这件作品的主角AbuAli是我待在埃及开罗4年时所认识的朋友，他的工作是做镀金椅子，作品制作前我先拍了几张他的照片，当时他生病气色不是很好，后来我又拍了一张他在窗边的照片，那张表情我觉得很不错，所以决定用那张照片制作。大家可以注意看那件作品，在构图上我故意将脸的比例放大，想表现他的亲切感，当作品做好后，我将作品拍了照片寄给AbuAli，他看到很开心，因为我把他拍得很漂亮，且用他的照片制作完成拼布作品。此作品我用机缝制作，约3个月完成。

H：老师在什么情况下接触的拼布？一开始就是使用缝纫机吗？

J：我的母亲会做洋裁，我11岁就跟着做洋裁，所以我对缝纫机并不陌生。我的第一件拼布作品是用手缝，花了我1年的时间才完成，其实我50岁才开始正式做拼布，用手缝太浪费时间了，我希望在有生之年能多做一些作品。我毕业于视觉艺术系，一开始是画画，但仅只是好玩，我很喜欢摸布的感觉，我觉得拼布比画画好玩多了，因为拼布可以摸、可以折起来收藏，像此次的行李就装了6件作品，缝纫是女人的语言，也是男人比较会认同的世界，我花了许多时间在拼布上，我的先生很支持也不会生气，他觉得女人缝纫就如同做家事一般正常。

3

4

参考照片

◆图 9 教室的左、右墙上挂了老师此次带来的拼布作品。

H：老师一开始的作品是将几何图形等元素融于作品中，至目前为止老师有特别偏爱的设计吗？或最喜爱哪一幅作品呢？作品设计时，灵感怎么来的？

J：其实每幅刚做好的作品都是我最喜欢的作品喔！我喜欢拍许多风景或人物照片当作品的题材，我很爱几何图形与照片的图案混合，例如将照片的图案贴布缝完成再往外延伸成几何图案（或传统图案）的做法。

H：老师得奖无数，哪一个奖对您而言最特别或最难忘？

J：我制作作品通常都是做我自己喜爱的，不会为了比赛而讨好评审委员，所以印象最深是在 2000 年大洋洲布里斯本拼布竞赛中得到奖，因为那是我生平得的第一个奖，当时念到我的名字时我超惊讶简直不敢相信，至今印象都很深刻，还有就是在日本横滨拼布嘉年华展得到优胜奖也很开心。

H：对老师而言，拼布是否改变了您的生活？

J：我很享受做拼布，有次出国时过海关，上面显示了我一年去了 17 个国家，海关人员非常惊讶问我是做什么的，我跟他说“教拼布呀！”他惊讶地对我说“你开玩笑吧！”因为教拼布去了许多国家且结交许多朋友，我朋友都说你应该也到博物馆及美术馆参观的，但我觉得认识当地的朋友比去参观博物馆更能了解他们的文化与历史。每次我因为教拼布出国住在饭店，醒来的第一个早晨，我总是告诉自己，我现在真的在这个国家！我觉得有如此际遇都是拜拼布所赐，我觉得很幸运。

◆图 5 12 月 1 日、2 日图像拼贴课程的上课情形。

◆图 6 毫无名师架子的 Jenny 老师，准备了许多照片当教材并教大家如何选择适合制作作品的照片，还不藏私地教了许多其他制作时需注意的小技巧，让参加的同学都直呼这堂课值回票价。

◆图 7 一日课程的图形扩展作品。

◆图 8 课堂接近尾声前 30 分钟，老师通过幻灯片以学生与自己的作品来讲解构图需注意的优、缺点，Jenny 老师在短短的时间内竭尽所能地倾囊相授，只要提问，老师都会解答。图中这个作品老师介绍时很有趣，老师说：虽然我都是机缝，但此作品四周如瓷砖上的图案，都是我用手缝方式贴布缝完成的喔！Jenny 老师很可爱地说，我想骄傲地告诉大家我也是可以手缝的，此话逗得大家哈哈大笑，为此次的课程画下开心的尾声。

Jenny Bowker 老师简介

现居住于大洋洲新几内亚，1997 年毕业于澳大利亚国立大学视觉艺术系。

部分获奖经历：

2000 年观众票选奖——堪培拉市拼布艺术展

布里斯本拼布竞赛优胜；观众票选奖——悉尼，澳大利亚

2001 年堪培拉市拼布艺术竞赛亚军——新南威尔士州拼布公会，澳大利亚

2008 年照片拼布竞赛冠军——新南威尔士州拼布公会，澳大利亚

2009 年堪培拉市专业拼布艺术家竞赛冠军—新南威尔士州拼布公会，澳大利亚

2009 年艺术拼布竞赛冠军——新南威尔士州拼布公会，澳大利亚

文字／安安　美术设计／Dabbie

我的迷你马卡龙　募集秀

拉链包

◆设计者／优秀轩

感恩的季节送上甜蜜的祝福，马卡龙零钱包吊饰不管用卡通布、印花布，甚至是相片转印布来做，都是可爱百分百，非常吸睛又讨喜的小礼物，祝福大家心想事成，万事如意。

七彩豆豆马卡龙

◆设计者／布能布玩拼布生活工坊（南京店）

撒满七彩豆豆的马卡龙，大人小孩都觉得好可爱！

钥匙套

针插

◆设计者／陈嘉玲（星星拼布屋）

我的创意马卡龙哲学：每个钥匙都有马卡龙的糖衣外套；闪亮亮的马卡龙拉链包超迷人；马卡龙针插使拼布可以很实用也可以很贵气！

好想咬一口

◆设计者／晶（布缝布行）

超人气马卡龙，越看越喜欢，连自己都好想咬一口！

Hand Made Stage

本期有热情的忠实读者来信投稿她在创作比赛中获奖的作品，也有资深的拼布老师、同学分享教室的作品，拼布的力量无限大，用心制作的作品，一定能够将它的精神传达到每个人的心中吧！

欢迎同好来信投稿，与我们分享您的新年新作品喔！

Hand Made Talk

午茶休闲侧背包

◆设计者／求慧贞老师（幸福种子拼布教室）

很喜欢运用各式图案布完成美美的作品，忙课务、忙家务、忙手作……突然很想，很想，偷得浮生半日闲，背着午茶休闲侧背包，和三五好友放松一下。

花语餐袋

◆设计者／张淑芳　◆指导老师／求慧贞老师（幸福种子拼布教室）

除利用现有的图案布也加入了稍有难度的机绣，这个精致的餐袋要送给上小学四年级的女儿，女儿好喜欢，因为她知道这个餐袋有妈妈满满的爱。

作品主题：百年新娘婚纱

◆设计者／陈美妃

我是《巧手易》忠实读者，参加人形娃娃制作比赛，获得佳作及情境设计奖，在此想与同好们分享个人的喜悦与感动。

主题同步玩手作！

卧室用品

卧室里的拼布，一定最适合自己！和我们分享你最私密的手作创意吧！

截止日期：2012年3月1日
录取者将刊于NO.49期

注意：主题募集秀不限定颜色并加入自己的创意，请以“布”作类作品为主，尽量以未刊登其他杂志为限，为避免版权争议，作品请勿一稿多投。若作品构想为参考其他书籍，也请详记书名并加入自己的创意，请勿与原作品雷同。并用文字详述介绍作品(文字30字内)参加者请先附上1～2张照片，或传电子文件JPEG至本公司电子信箱(made.mag@msa.hinet.net)，被录用者我们会寄上小礼物以示感谢。请于指定日前寄至本公司，台北市南京东路1段52号6楼 企划部收，并在信封封面注明参加单元，以利作业流程，谢谢合作！

＊作品若没有录用，照片不予退还，敬请见谅。但是，为了尊重作者，此照片不会被用在杂志以外其他用途。

＊本公司有保留审核与赠品更换的权利，如遇赠品用罄，将以同等值赠品代替，敬请见谅！

主题同步募集特别企划

OPEN

图案布造型募集票选TOP.1做法大公开！

快乐郊游旅行包

郊游，是家人培养默契的幸福好时光。

作品设计、制作、图片、做法绘图提供 / Jessica Yu 拼布花园 俞攸洁小姐
http: //tw.myblog.yahoo.com/Jessica-0960554899
文字整理 / Cheerannies 美术设计 / 月椿

材料

图案布(表布)60cm×110cm
里布(里面、斜背带)90cm×110cm
出芽布、包边布80cm×90cm
铺棉60cm×110cm
厚衬60cm×110cm
塑料板60cm×110cm
拉链34cm1条、45cm2条
出芽绳300cm
4cm棉织带180cm
日形环4cm1个
问号钩4cm2个
D形环4cm2个

所需纸型

单位：cm

正面
内圆1片 外圆1片
里布1片 厚衬1片
塑料板1片 铺棉1片

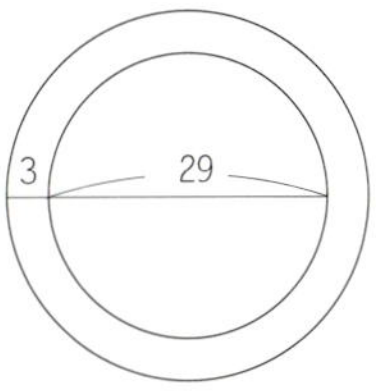

背面
大圆1片 下半圆1片
里布1片 铺棉1片
下半圆里布1片
厚衬1片 塑料板1片

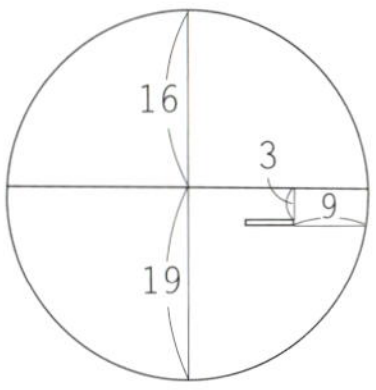

侧面 表布1片 里布1片 厚衬1片 塑料板1片 铺棉1片

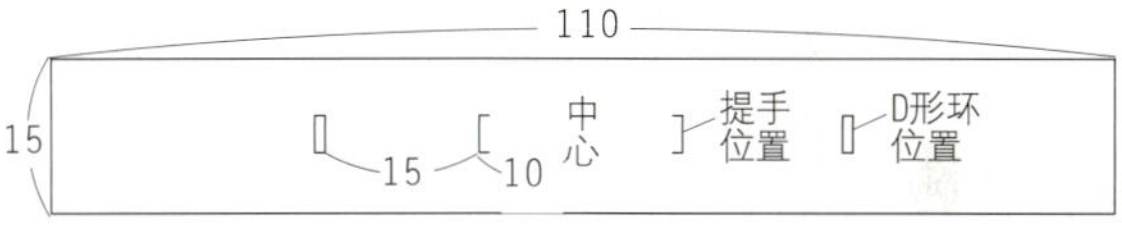

提手 表布1片

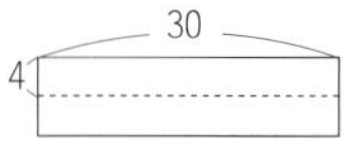

斜背带 D形环带 里布1片

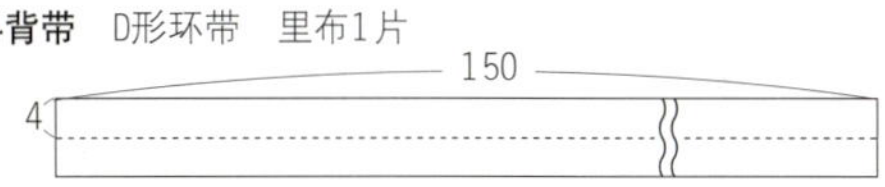

HOW TO MAKE

单位：cm

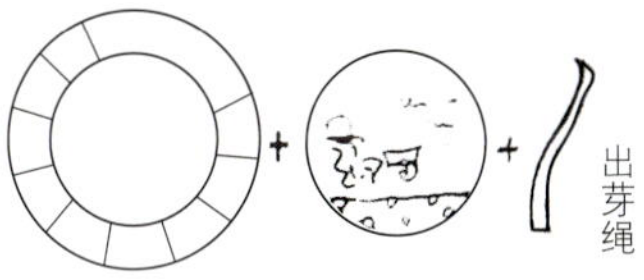

1 拼接正面内圆与外圆，中间夹车出芽(长86cm)。

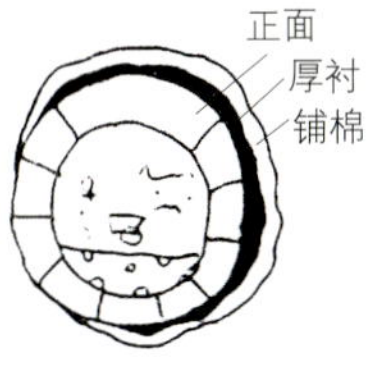

2 表布反面烫上厚衬与铺棉三层压线后，最外圈上出芽(长106cm)。

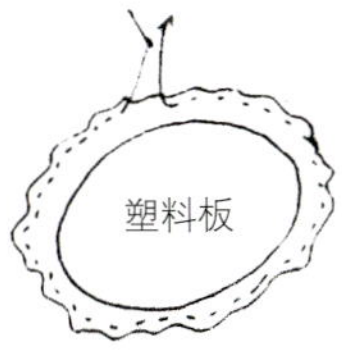

3 圆形里布沿边0.7cm缩缝，将塑料板放入缝固定与正面做缝合。

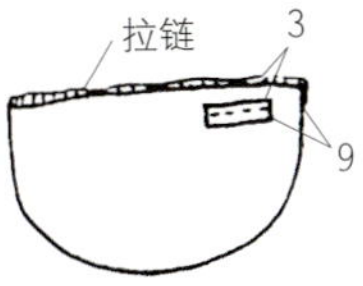

4 在下半圆制作一字形口袋，完成尺寸(6cm×1.5cm)大小可放入票卡即可。

①正面对开口袋布正面，依完成线车一圈。

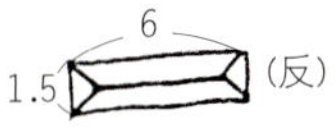

②照Y形剪开翻入里面，将上下袋唇均匀烫好。

③在正面压车一圈。

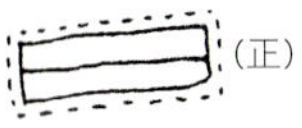

④里面加上口袋里布(14cm×8cm)。

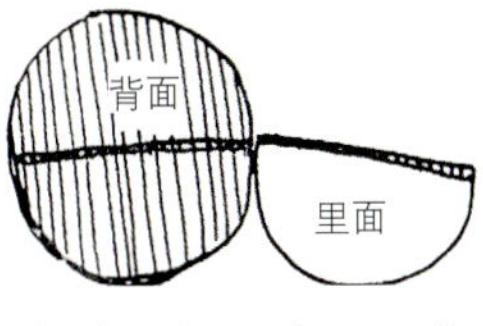

5 下半圆与下半圆里布，开口处一起滚边(35cm×4cm)，滚边里面回针缝上拉链，另一边缝在背面上。

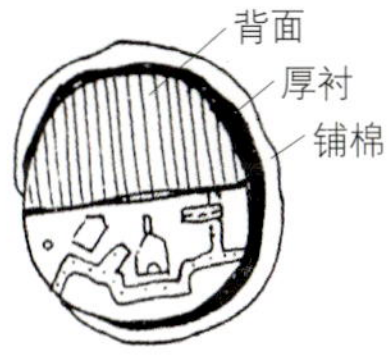

6

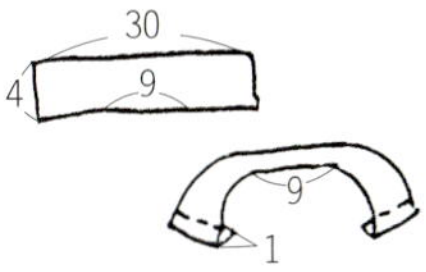

7 提手缝合后内穿棉织带30cm，中间9cm藏针缝合，前后各反折1cm车在上侧面中心处。

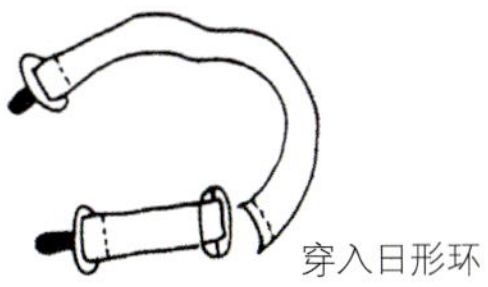

8 斜背带布110cm、20cm分别缝合后内穿棉织带，与问号钩及日形环缝成斜背带。另各10cm也分别缝合后内穿棉织带并将D形环缝合后车缝在旅行包两侧。

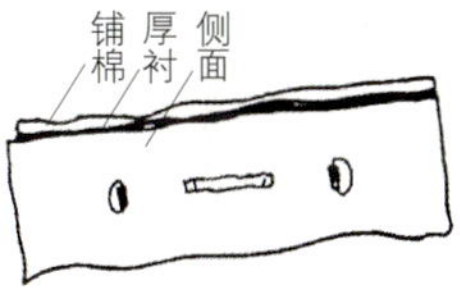

9 侧面反面烫上厚衬与铺棉三层压线后，与步骤6缝合。

10 里布反面与侧面缝合套入旅行包，内包塑料板开口滚边一圈(106cm×4cm)。

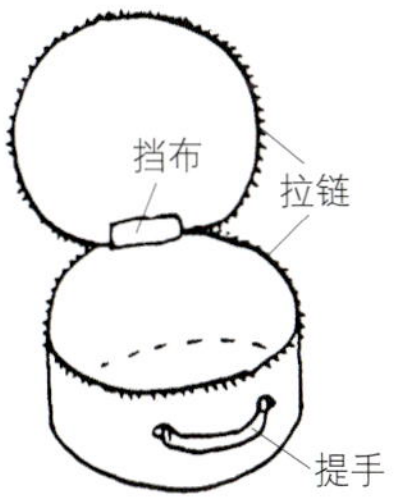

11 在步骤10外缘先缝合2条45cm拉链，最后缝在正面外缘上，拉链尾端用挡布(10cm×5cm)缝合住即完成。

户塚刺绣协会
台北支部提供
A.刺绣轻便小包
B.刺绣布
各1名

台湾喜佳(股)公司提供
拼布图形印章柠檬星
5名

日本可乐牌株式会社提供
保温片(款式随机)
7名

布之道创意有限公司
胡金治老师提供
彩色拉链包(颜色随机)
5名

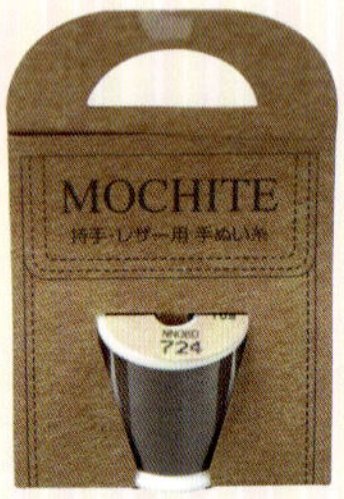

隆德贸易有限公司提供
提手、皮革用手缝线(10m)
(颜色随机)
7名

首翊&手艺提供
H-0009
《Shinnie的手作兔乐园》
H-0012
《超可爱贴布缝的童话王国》
各5名

Preview

下期预告

Hand Made 巧手易 49

拼布生活提案

卧室

用拼布打造最舒适、适合自己的风格房间，
就是这么轻松。

人气布的研究室

最新、最IN的人气布组作品示范应用，
达人完全图片分解教学，让你立即上手跟着做！

1小时完成的拼布小物

能够快速完成又超级可爱的拼布小物，
丰富手作迷的玩乐生活。

嗨！花样厨娃

网友NO.1人气票选“好可爱拼布系列”的全新
角色，厨娃时代来临！

KAT'S QUILT GARDEN

甜美的拼布花儿在阿KAT老师的巧手照料下，会
诞生什么风格的超人气手作呢？

更多新单元介绍，请翻阅NO.49期《巧手易》。
众多热门及购物资讯请上《巧手易》官方网站
www.handmade-tw.com

◆若部分单元因特殊原因而变动时，敬请读者见谅！

金针银线的上海拼布展

摄影、采访 / 特约编辑 詹宏人　美术设计 / 月椿

居家生活示范区

商品区采购人潮

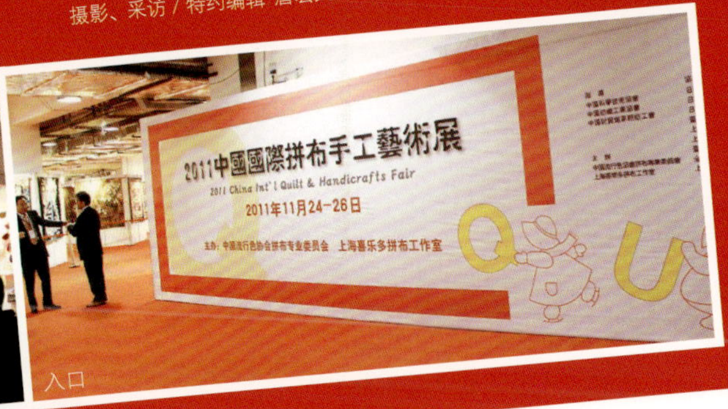

入口

龙凤呈祥

剪纸拼布

作者 / 上海富士克制线总经理　松冈繁生
描述日本春、夏、秋、冬四季的景色。
用绢丝线及线末做出来的作品。
日文名字是**シルクスレッドアート**
(Silk Thread Art)
用绢丝画画的手工艺。
参考网站：
http://www.fjx.co.jp/sta/index.html

每年11月，上海都会举办一场号称大陆最大规模的国际拼布展，今年已迈入第十届。展场设置在延安西路世贸商城三楼，本次会场分为三大展区，第一展区依惯例悬挂邀约国内外作品；第二主题区由主办方喜乐多拼布工作室以作品布置了一个居家生活示范区；第三区为拼布相关工具、材料、布料厂商、拼布教室展售区，主区有日本、澳大利亚、台湾及大陆的作品，日本作品约占展出品的一半，和风拼布气氛突出，纸扇、和服、千鸟图，颜色柔媚，做工细致，令人叹服；大陆作品有数件仿传统纹样，如龙凤、剪纸、脸谱、仕女图等，采用对比配色，鲜活阔气；澳大利亚及台湾本次皆展出机缝作品，澳大利亚区的数幅人物写真大作非常抢眼。这次展出的作品近百幅，风格有写实、写意、表现及抽象等，与去年相比，今年写实的作品比往年多，在现场观赏，能详细辨识其细致的做工。

主办方这次的拼布示范区，展示有拼布被、床罩、枕巾床头用品、客厅壁饰、地毯、桌巾等生活布工艺，让拼布工艺的艺术性及实用性，得以一次展现，是本次展览的特色。

当年初办拼布展，整个中国大陆对拼布认识尚处蒙胧阶段，现场的诧议声，轰轰烈烈，惊叹连连。本届展出，仍以日本作品为观摩区，大陆参展的作品很多，风格多为传统图腾，虽亲切明白，来日挥洒空间仍大。日本的名师拼布，虽仿浮世绘的风格，仍保持用图谱构图打底，再巧妙配置传统纹样，坚持了手感工艺精致的内涵。

古时师傅授徒行规，有诗曰“绣出鸳鸯从教看，不把金针渡与人”，日本在20世纪90年代，曾举办过3届“金针银线”拼布创作赛，大大提升了业界水平。在当今的工艺传承里，非但要展出鸳鸯，更要把如何制作的技巧，一针一线地公告周知，这就是年年办展，不悔不倦的原因。

第一天开展不到一小时，商品展售区即人满为患，新朋旧友，招呼喧哗，挤得寸步难移，一年一度的盛会，回娘家的拼布爱好者，让现场多了另类的温馨气氛。

■做法绘图/Dabbie ■美术设计/宇柔

P.46 一朵玫瑰花・壁饰

材料

图案布15cm×15cm9片
①、②布条30cm
③~⑬拼接用布条6色各60cm
⑭~⑰ 大边条用布各90cm
铺棉90cm
后背布90cm
烫钻适量

做法

1. 图案布裁9片各与①、②拼接，再与③、④拼接。
2. 步骤1完成后，与⑤、⑥拼接完成，共需完成9片。
3. 步骤2的3片各拼接成一排共完成三排，其中的第一、第三排各将⑦布条拼接右侧，中间的一排则将⑦布条拼接于左侧。如图第一排的上方再与⑧布条拼接完成。
4. 步骤3的三排如图拼接一起，再按⑨→⑩→⑪→ ⑫ →⑬ 顺序拼接。
5. 步骤4再与⑭~⑰拼接完成表布，完成的表布＋铺棉＋后背布，三层疏缝再压线完成，最后四周滚边一圈并烫钻即完成。

❶ 单位：cm

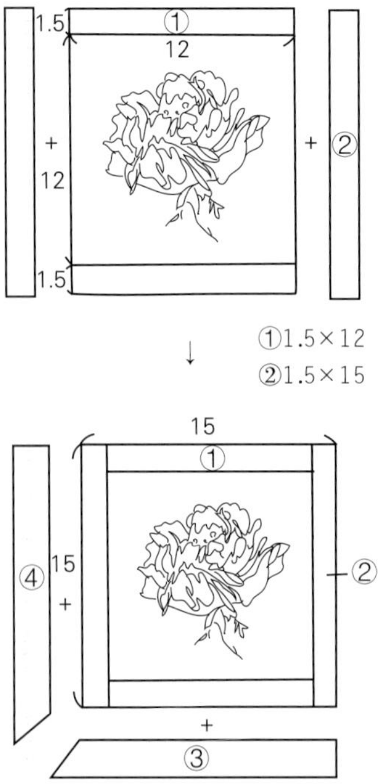

①1.5×12
②1.5×15

❷

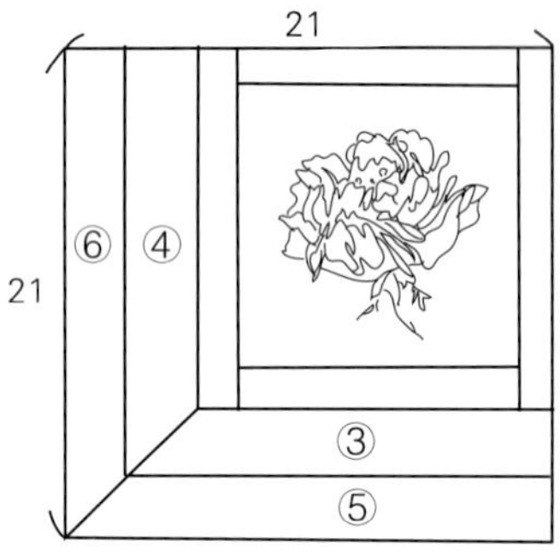

③、④宽3×上长15
宽3×下长18
⑤、⑥宽3×上长18
宽3×下长21

❸

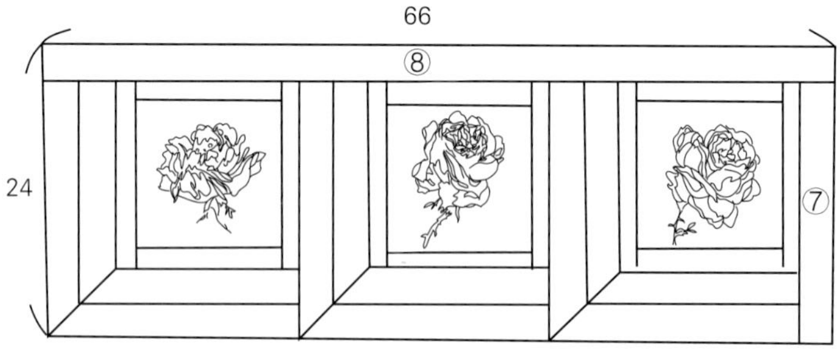

⑦3×21 ⑧3×66

❹

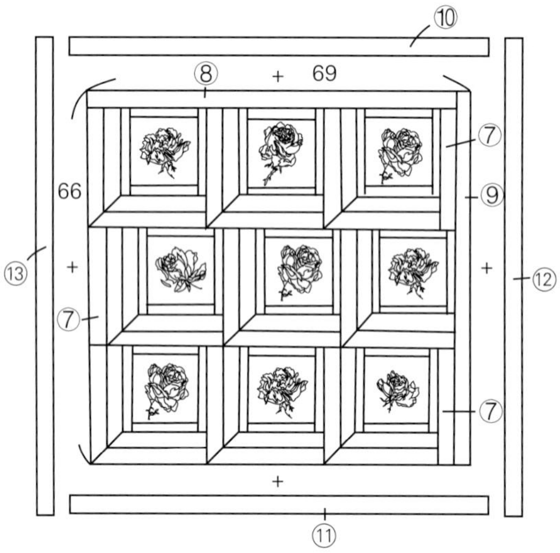

⑨3×66
⑩、⑪ 2×69
⑫、⑬ 2×70

❺

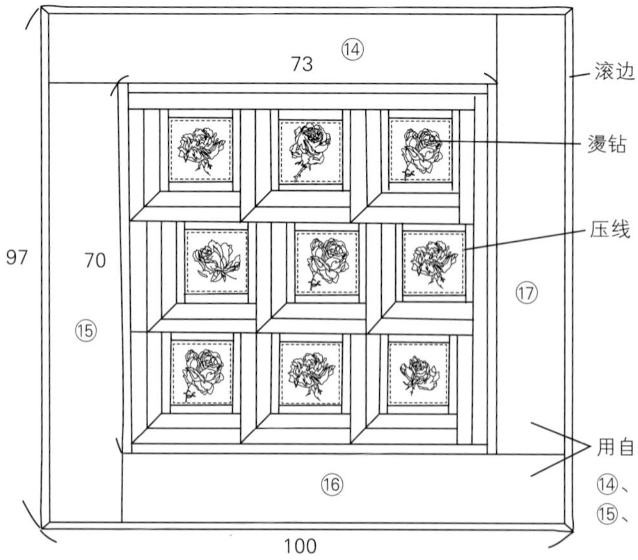

⑭、⑯13.5×86.5
⑮、⑰13.5×83.5

动手做吧 ••• How to make

■做法绘图/月椿 ■美术设计/宇柔

P.10 糖果杂货店•置物盒

材料

厚纸板30cm×25cm
表布用羊毛布18cm×25cm
边条布12cm×25cm
里布 45cm×30cm
盖子用羊毛布15cm×15cm
不织布3.5cm×8cm
包扣(直径1cm) 适量
扣子适量
爱心图案装饰片适量
铺棉 30cm×25cm
磁扣

做法

1.已裁好的厚纸板各贴上里布。
2.表侧的布拼接好，与铺棉一起压线，包扣（或塑料制包扣）与扣子、爱心图案装饰片缝上作为装饰。
3.步骤2依完成线折好再疏缝固定。
4.前片、后片、左侧片、右侧片组合成立体状，再卷针缝合。
5.盖子部分装上磁扣即完成。

1 裁厚纸板尺寸：前、后片各10cm×12cm
右、左侧片各10cm×9cm
底9cm×11.6cm

盖子

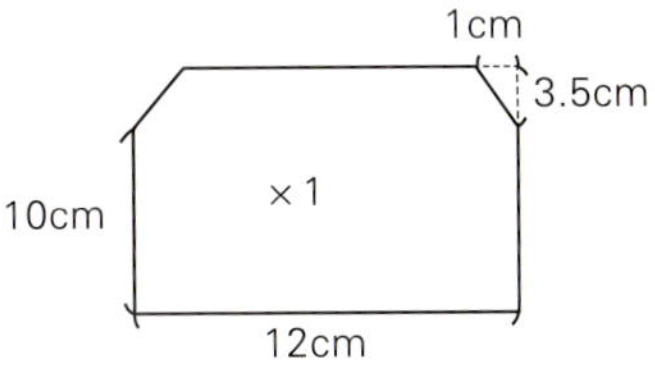

3

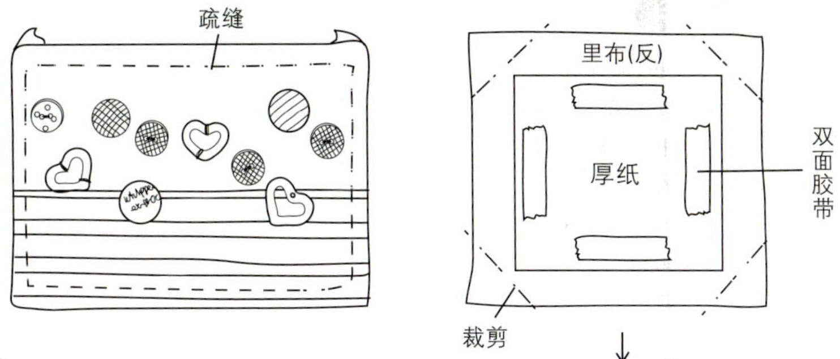

4

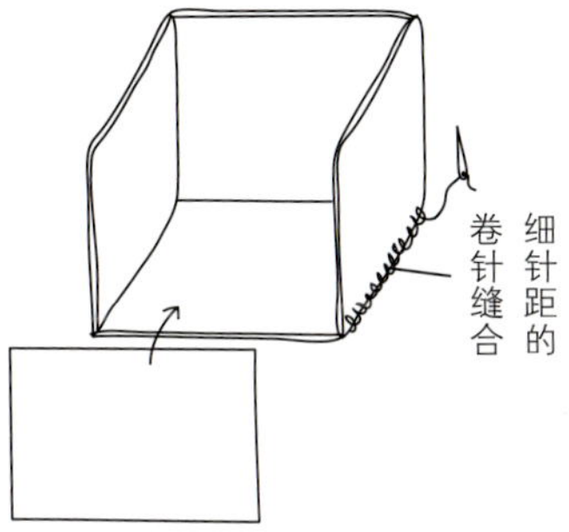

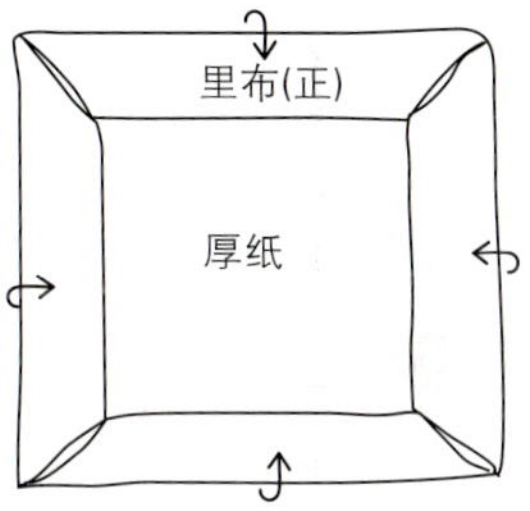

5

完成图

2

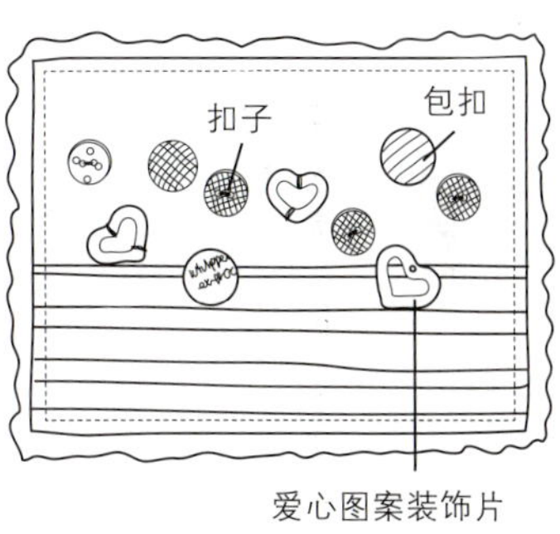

P.11 甜蜜城堡•玻璃罐

材料

拼接用布适量
填充棉
保特瓶盖
宽1.5cm长14cm缎带

做法

1.先拼接表布，四周平针缝合一圈略缩缝并放入填充棉。
2.保特瓶盖的四周涂上白胶，步骤1拉紧缩缝包住保特瓶盖。
3.四周再用缎带粘贴上装饰即完成。

1

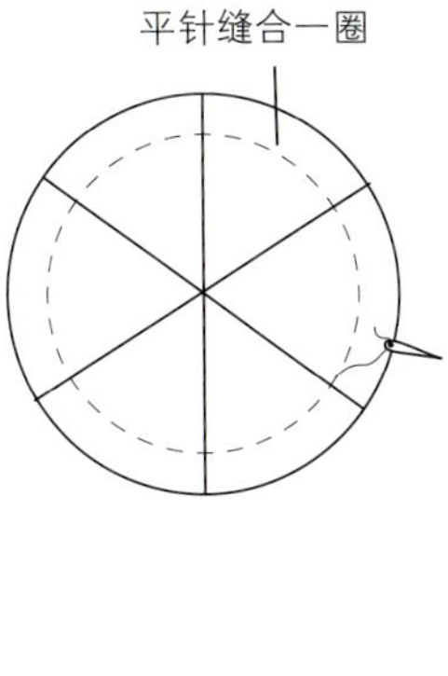

2

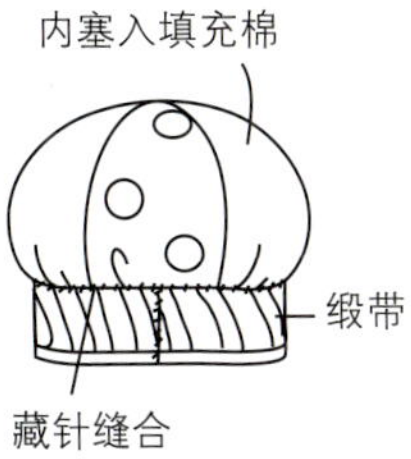

3

完成图

著作权合同登记号：图字16—2011—116

图书在版编目(CIP)数据

厨房：女人的拼布创意天地/首翊股份有限公司编著.—郑州：河南科学技术出版社，2012.3

（巧手易;48）

ISBN 978-7-5349-5517-4

Ⅰ.①厨… Ⅱ.①首… Ⅲ.①布料-手工艺品-制作 Ⅳ.①TS973.5

中国版本图书馆CIP数据核字(2012)第022468号

出版发行：河南科学技术出版社

地址：郑州市经五路66号 邮编：450002

电话：(0371)65737028 65788613

网址：www.hnstp.cn

策划编辑：刘 欣

责任编辑：梁莹莹

责任校对：柯 姣

印 刷：北京盛通印刷股份有限公司

经 销：全国新华书店

幅面尺寸：228㎜×286㎜ 印张：6.5 字数：250千字

版 次：2012年3月第1版 2012年3月第1次印刷

定 价：38.00元

如发现印、装质量问题，影响阅读，请与出版社联系调换。